新疆金锋华云气象科技有限公司
新疆雷电灾害防御协会　　　　　　　　　资助
新疆维吾尔自治区气象灾害防御技术中心

新疆雷电灾害分析及对策研究

陈金根　郑国宏　兰文杰　刘兆旭　等　著
马亚伟　刘　晶　王延慧

U0310397

气象出版社
China Meteorological Press

内 容 简 介

本书从雷电灾害发生的机制,总结和归纳新疆全域雷电灾害特点和起因,详细阐述了新疆近 10 年雷电灾害特征,通过对雷电灾害调查资料进行统计分类,分析其类型特点和区域性分布、雷电活动规律等,并对雷电防御措施进行了介绍,相关成果用于指导防雷减灾工作的正确部署、科学安排,尽可能地降低雷电灾害发生的可能性以及造成的损失,为雷电灾害综合防御工作提供思路和参考。

本书可供从事雷电防护及相关业务工作者,以及相关科研工作者参考。

图书在版编目(CIP)数据

新疆雷电灾害分析及对策研究 / 陈金根等著. -- 北京 : 气象出版社, 2022.7
ISBN 978-7-5029-7740-5

Ⅰ. ①新… Ⅱ. ①陈… Ⅲ. ①雷—灾害防治—研究—新疆②闪电—灾害防治—研究—新疆 Ⅳ. ①P427.32

中国版本图书馆CIP数据核字(2022)第103070号

新疆雷电灾害分析及对策研究
Xinjiang Leidian Zaihai Fenxi ji Duice Yanjiu

出版发行:气象出版社
地　　址:北京市海淀区中关村南大街 46 号　　　**邮政编码**:100081
电　　话:010-68407112(总编室)　010-68408042(发行部)
网　　址:http://www.qxcbs.com　　**E-mail**:qxcbs@cma.gov.cn
责任编辑:王萃萃　　　　　　　　　　　　**终　　审**:吴晓鹏
责任校对:张硕杰　　　　　　　　　　　　**责任技编**:赵相宁
封面设计:艺点设计
印　　刷:北京建宏印刷有限公司
开　　本:787 mm×1092 mm　1/16　　　　**印　　张**:7
字　　数:178 千字
版　　次:2022 年 7 月第 1 版　　　　　　　**印　　次**:2022 年 7 月第 1 次印刷
定　　价:50.00 元

本书撰写人员

陈金根	郑国宏	兰文杰	刘兆旭
马亚伟	刘晶	王延慧	李晨
周斌	黄晓露	范子昂	韩冰峰
樊星	武泳柏	李帅	钱勇
胡东北	张晗	霍达	孔子铭
张永军	栾亚睿		

前　言

　　雷暴是一种剧烈的天气过程，是大气中伴有雷声的放电现象，常发生在大气层结极不稳定、天空有积雨云存在的天气条件下，出现时常伴有大风、暴雨、冰雹、龙卷等灾害性天气。雷电灾害是一种有着巨大危害性的气象灾害，被"联合国国际减灾十年委员会"列为"最严重的十种自然灾害之一"。雷电强大的电流、炙热的高温、猛烈的冲击波、剧变的静电场和强烈的电磁辐射等物理效应，产生电磁感应、过电压、地电位反击，造成人员伤亡，损毁建筑物、电力、航空、卫星、通信、计算机网络、森林及交通运输等，甚至每个家庭的家用电器都会遭到雷电灾害的严重威胁。

　　新疆位于欧亚大陆腹地，是典型的干旱区，相对于我国东部地区，新疆雷电发生频数少、雷电灾害弱，但受"三山夹两盆"独特地貌和地理位置影响，新疆夏季也常常发生强对流天气，并伴随雷电活动，对新疆的经济建设和农牧民的生产生活造成很大危害。随着新疆地区社会经济的快速发展，雷电造成的灾害影响越来越大，因此，研究并掌握新疆雷电灾害分布特征，寻求有效的防护措施，对于防雷减灾和社会生活都有一定的实际意义。

　　本书对新疆地区近10年雷电灾害资料进行特征分析，得出了雷电灾害的地区分布、行业分析、灾害年、月变化等分布规律，给出农村、城市、易燃易爆场所雷电防御措施，同时结合新疆闪电定位仪数据，研究了雷电活动时空分布、趋势变化等特征规律，为开展新疆地区雷电灾害及雷电活动研究做了一些基础性的工作。

　　本书分为5章。第1章阐述了雷电灾害研究的意义及新疆地闪监测定位系统的情况。第2章对新疆近10年雷电灾害特征进行了分析。第3章分析了2012—2020年新疆雷电活动特征。第4章是新疆部分重大雷电灾害实例调查分析。第5章详细介绍了易燃易爆场所雷电防御措施、城市雷电防御措施、农村雷电防御措施、农牧区雷电灾害多发的原因分析及雷电防护措施、雷电灾害防御常识及应急处置措施、雷电防护装置智能在线监测、雷电监测临近预警。

　　由于作者水平有限，时间仓促，本书难免有不足之处，敬请读者批评指正。

作者

2022 年 3 月 28 日

目　　录

第 1 章　绪论

1.1　研究目的和意义

　　雷电灾害泛指雷击或雷电电磁脉冲入侵造成人员伤亡或财产受损,电子设备部分或全部功能丧失,酿成不良社会和经济后果的事件,它造成的损失包括直接的人员伤亡和经济损失。每年由于雷电导致的灾害事件产生了严重的人员伤亡和财产损失,因此对雷电灾害进行分析研究显得尤为重要。雷电灾害已经被联合国有关部门列为"最严重的十种自然灾害之一",被中国电工委员会称为"电子时代的一大公害"。

　　随着我国社会经济的发展和现代化水平的提高。特别是由于信息技术的快速发展,雷电灾害的危害程度和造成的经济损失以及社会影响越来越大。因此,研究我国雷电灾害发生的现状、分布特征,对于经济建设、保护人民生命财产安全,构建和谐社会和社会主义新农村具有十分重要的意义。

1.2　新疆地闪监测定位系统

　　新疆地闪监测定位系统(Active Divectory Topology Diagrammer,ADTD)于 2011 年 7月—2012 年 11 月安装完成,至今共布设了 49 个监测站点(图 1.1),探测范围可覆盖新疆全境(73°—96°E、34°—49°N)及周边地区,布设基线距离是 180 km。该系统高度自动化,可全天连续运行,时间精度高,探测范围广。系统有 4 种地闪定位算法,分别为二站振幅、二站混合、三站混合、四站算法,可提供地闪发生的时间、经纬度和强度等要素,结果以图形实时显示并且可以存档形成数据库。

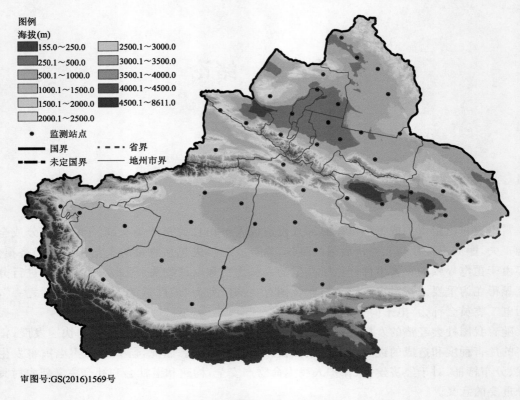

图例
海拔(m)

■ 155.0～250.0		■ 2500.1～3000.0	
■ 250.1～500.0		■ 3000.1～3500.0	
■ 500.1～1000.0		■ 3500.1～4000.0	
■ 1000.1～1500.0		■ 4000.1～4500.0	
■ 1500.1～2000.0		■ 4500.1～8611.0	
■ 2000.1～2500.0			

● 监测站点

—— 国界　　　　----- 省界
—·—· 未定国界　　—— 地州市界

审图号:GS(2016)1569号

图 1.1　新疆地闪定位站点分布图

第 2 章　新疆近 10 年雷电灾害特征分析

2.1　2011 年雷电灾害特征分析

2.1.1　雷电灾害事件

（1）5 月 9 日上午，中石化某公司库车门站遭雷击，这次雷电事故发生在 5 月 9 日 04 时 20 分，遭受雷击的是放空立管，没有造成经济损失，没有人员伤亡。库车门站放空立管顶端管口被雷电烧黑，泄露气体被雷电点燃。

（2）5 月 22 日下午，乌苏市受短波槽影响，普遍出现雷阵雨天气，其中，位于西部的百泉镇橙槽村还遭受罕见雷电袭击，出现了近年来少有的雷电灾害事件。全村共有电视机 29 台、计算机 5 台（整机）、计算机显示屏 9 台、计算机主机 11 台、电视机顶盒 50 个、调制解调器 12 个、固定电话 4 部、室内吸顶灯 20 个在此次雷击中被击毁，另有一户村民住宅的女儿墙一角被击垮，直接经济损失约为 100 万元。

（3）6 月 11 日 20 时 00 分，新疆克孜勒苏柯尔克孜自治州阿克陶县距离县城 400 km 的恰尔隆乡克希拉克草场（帕米尔高原山区）遭受强雷电袭击，造成 205 只羊死亡，直接经济损失约 20 万元。

（4）6 月 18 日 18 时 15 分，昭苏县喀夏加尔乡别跌村发生雷电灾害，村民纳某在给羊群喂草时，突遭雷击，昏迷不醒。当时雷暴致使 480 余只羊瞬间倒地不起，其中 11 只羊当场死亡，10 只羊受惊吓跑散丢失，直接经济损失 2 万元。

（5）6 月 21 日 18 时至 20 时，和静县平原农区断续出现雷暴天气。6 月 21 日 19 时左右，家住和静县乌拉斯台农场的农民赵某与妻子姜某在自家农田修理果树，19 时天空电闪雷鸣，一道雷电击到赵某夫妇中间的树上，姜某被击滚至一边，起身后发现丈夫躺在一边的田地沟里被击中身亡。据静县乌拉斯台农场领导说赵某当时正在用手机接电话，经法医鉴定，赵某系雷击死亡。

（6）2011 年 6 月 23 日 15 时 38 分，玛纳斯县出现一次强对流天气过程，某石化企业因雷击造成 7 台压差变送器、1 台二氧化碳巡回检测仪、1 台流量计、1 个速度板卡和 4 台摄像头损坏，直接经济损失 300 万元。

（7）6 月 28 日 11 时，福海县喀拉玛盖乡出现雷雨天气，窝依霍拉村村民卡某家所在的山区夏牧场遭遇雷电灾害，36 只羊被雷击致死，经济损失 5.4 万元。

（8）7 月 2 日，尼勒克县喀拉托别乡萨依博依村雷击死亡 1 人。牧民艾某 2 日 17 时出去在该村附近山上放牧，被雷击致死，22 时被发现尸体，直接经济损失为 1.5 万元，间接经济损失为 1 万元。

(9)7 月 2 日 12 时,新疆博尔塔拉蒙古自治州温泉县昆得仑牧场夏草场沙雷比留克出现雷雨天气,导致牧业二队一牧民的羊群遭受雷击,共造成 13 只大羊、4 只小羊遭受雷电死亡,预计直接经济损失为 2 万元,间接经济损失为,2 万元。

(10)7 月 21 日 14—15 时,福海县区域出现雷电天气现象,解乡牧业二队某村民房屋遭遇雷击(距奎北铁路 2 km 处),房顶被雷击出两处 0.5 m² 的洞,并导致屋内扣板顶棚塌落,木制家具部分被烧毁,电路损坏,被褥被烧,因为当时屋内没人,所以没有人员伤亡,直接经济损失约 5000 元,间接经济损失为 2 万元。

(11)7 月 31 日,和布克赛尔蒙古自治县江根库克村夏牧场发生雷击造成畜群死亡事件,总共有 57 头(只)牲畜因雷击死亡,还有部分牲畜受到伤害,直接造成经济损失 4 万余元。当时,库热萨拉山顶电闪雷鸣,暴雨骤降,一声巨响,牧民加某家的 55 只山羊全部倒在了地上遭雷击致死,另外还有牧民恰某和阿某两家各有一头牛被雷电击中致死。这次雷击事件江根库克村夏牧场总共有 57 头(只)牲畜因雷击死亡,初步统计造成直接经济损失 4 万余元。

(12)8 月 3 日 14 时 30 分,吉木萨尔县大有乡粮站收粮地磅遭雷击,烧毁 1 台传杆器、1 个接线盒及电源线,击坏 1 台称重显示器、1 台显示屏,造成该粮站停工 1 天半,直接经济损失 1.5 万元。

(13)伊吾县(新疆)8103 广播转播台遭受雷击,造成发射设备损坏,直接经济损失 5 万余元。2011 年 8 月 7 日,伊吾县(新疆)8103 广播转播台 8 月 3 日 13:30 时因遭受雷击造成 3 部 1 kW 发射机的部分设备元器件损坏(功放模块 6 块、调制器 4 块、调制器推动小盒 1 个,+12 V、+8 V、+24 V 电源盒等),造成广播转播工作中断数日,直接经济损失 5 万余元。

(14)8 月 15 日 18 时 40 分左右,青河县阿热勒乡夏牧场牲畜遭雷击,造成牲畜死亡 81 只(匹),经济损失 6.5 万元,无人员伤亡。

2.1.2　雷电灾害分布概况

据各地气象防雷主管机构不完全统计和报告,新疆地区 2011 年共发生 14 起雷电灾害,其中死亡 2 人、伤 2 人,马牛羊等大牲畜死亡 407 只(匹),伤 500 余只,直接经济损失 448.4 万元。

2011 年 4—9 月发生雷电灾害事故 14 起,其中 5 月雷电灾害事故 2 起,占总数的 14.21%;6 月雷电灾害事故 5 起,占总数的 35.7%;7 月雷电灾害事故 4 起,占总数的 28.69%;、8 月雷电灾害事故 3 起,占总数的 21.4%(图 2.1)。

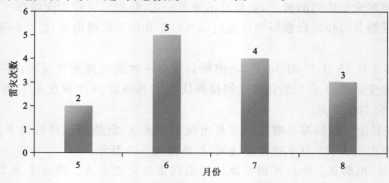

图 2.1　2011 年雷电灾害月分布

2.1.3　雷电灾害分析

2011 年雷电灾害死亡人数和雷电灾害事故次数较前几年明显增多。据不完全统计,5 月至 8 月发生的 14 起雷电灾害中有 11 起发生在农牧区,占总数的 78.57%。其中人员伤亡事故 4 起,造成 2 人死亡、2 人受伤;有电视机 29 台、计算机 5 台(整机)、计算机显示屏 9 台、计算机主机 11 台、电视机顶盒 50 个、调制解调器 12 个、固定电话 4 部、室内吸顶灯、207 台压差变送器、1 台二氧化碳巡回检测仪、1 台流量计、1 个速度板卡和 4 台摄像头在雷击中损毁。马牛羊等大牲畜死亡 407 只(匹),伤 500 余只。伊吾县(新疆)8103 广播转播台发射机设备遭受雷击部分损坏。全年直接经济损失 448.4 万元(图 2.2)。

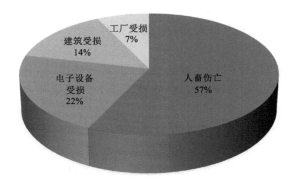

图 2.2　雷电灾害次数分布

2.2　2012 年雷电灾害特征分析

2.2.1　雷电灾害事件

(1)4 月 9 日 16 时 51—59 分,巩留县域出现雷雨天气过程。此次雷雨天气过程造成巩留县塔斯托别乡卫生院、派出所、养路段、文化站等单位的 20 多台计算机被雷击损坏,直接经济损失 13 万元左右。

(2)5 月 24 日,中石油伽师县某加油站因雷雨天气致使浪涌保护器损坏。经过现场问询勘验、调查取证,初步判断为在 5 月 22 日 10 时左右因雷电感应致使安装在该加油站总配电处的浪涌保护器损坏,所幸未造成其他设备损坏,检查中发现该站浪涌保护器在接头处有明显的烧焦痕迹且伴有焦糊味。据该加油站负责人称,事发当日该站工作人员在雷雨天气检查配电时发现因雷电致使浪涌保护器冒烟,该站工作人员随即关掉总闸,停止加油作业并拆除连接在浪涌保护器的接线,随后通电检查所有设备均正常完好。

(3)6 月 7 日 08 时 40 分左右,新疆维吾尔自治区塔城地区额敏县发生雷电灾害,致 1 人死亡,两台变压器被雷电击毁。当日清晨,额敏县喀拉也木勒乡六大队三小队村民杨某一家三口正在自家的麦地里浇水,突然一声惊雷,一家三口均被击中,杨某父子在几分钟后苏醒,却发现母亲李某不见了,后在麦地的渠边找到了李某的尸体。经有关部门调查:当天事故发生地有雷雨天气,死者李某位于麦地最高点,四周空旷,据目击者称,当时死者手中还拿着铁锨。

(4)6月14日16时30分左右,新疆喀什地区英吉沙县托普鲁克乡2村6组村民吾某在放羊时遭雷击死亡。经过调查:遭雷击地点位于托普鲁克乡2村东南,周围有大片水域、芦苇丛生,事发当天有雷雨天气。据目击者介绍:死者背部被雷击有三处烧焦伤痕、面部胡须被烧焦,身穿的大褂背部被雷击烧坏,随身携带的一台小收音机被烧坏。经过现场勘查和目击者描述,认定该村民被雷击身亡。

(5)6月17日22时左右,沙湾县某公司南山生活区遭到雷击,造成两台信号控制器被雷电击毁,直接经济损失达2万元左右。经过调查:当天沙湾县有雷雨天气,这次雷电灾害由直击雷引发,雷电流从用电线路、摄像信号线路侵入监控机房,由于用电线路安装了电源避雷器,从而保护了监控台、主机和值班人员安全,但摄像信号线路未安装信号避雷器,因而遭雷电击毁。

(6)6月18日01时左右,呼图壁县城区遭雷击,县人民医院、县第二中学、县工商银行及附近住宅小区输电线路、变压器等设备损坏,致使千余户居民家中和多家企事业单位停电,直接经济损失约1万元。

(7)6月23日19时10分左右,新疆和田地区皮山县固玛镇发生雷电灾害致1人死亡。当日下午,皮山县固玛镇阿扎吴江开发区村民吾某从农田回家,快进家门的时候,突然一声惊雷,将他和妻子击倒在地。妻子昏迷数分钟后苏醒,而吾某已没有呼吸,胸口前后发热,后背衣服破烂不堪,经确认死亡。

(8)6月24日,当天事故发生地有雷雨天气,死者生前回家时衣服被雨淋湿,遭受雷击的地点位于林带与死者房屋的中间,其间距为5 m左右;从现场和目击者描述来看,初步认定死者是被雷电击中后背死亡。

(9)6月26日凌晨03时左右,新疆伊犁州巩留县提克阿热克乡莫因古择村二队出现强雷雨天气,雷电击中牧民史某家羊圈房后的一棵杨树,共造成2只羊死亡、一只电表和一台电视机损坏,经济损失1万元左右。

(10)6月26日下午,新疆阿勒泰地区青河县政府通报:该县查干郭勒乡江布塔斯村村民卓某在三道海子夏牧场放牧时遭雷击死亡,雷击还造成1匹马和60只羊死亡,经济损失共6.5万元。据了解,当天17时47分到19时10分,青河县境内出现雷雨天气,降水量达0.8 mm。

(11)6月30日11时30分,新疆阿克苏地区沙雅县英买力镇出现局地强对流雷暴天气,造成该镇央艾日克村7组25号村民阿某遭雷击死亡。沙雅事故发生地四周空旷,附近有灌溉水渠经过,雷雨天气出现时,死者正在自家的棉田里浇水,突然被雷电击中。死者的死亡位置是一处雷击点,地表和地面作物有灼烧痕迹。据其亲属介绍,事发后,死者仰面倒在田地里,脸色发黑,身上衣服有烧焦的痕迹,经过抢救无效死亡。

(12)7月3日,阿勒泰地区电视台电视塔卫星接收器和电视塔监控系统遭雷击,损失高频头1个,摄像头3个,部分电视节目短暂停播。之后,电视台报告了地区防雷检测中心。防雷检测中心接到报告后立即对电视塔雷击现场进行勘查,并提出整改要求,避免类似事故的再次发生。

(13)2012年7月3日20时左右,新疆昌吉回族自治州木垒县东城镇鸡心梁村饲草站附近,突发雷雨天气,致使牧民加某某、古某某、哈某某三人在家聊天时突然被雷电击中,造成胳膊、腿不同程度受伤。

(14)2012 年 7 月 4 日 06 时 15 分左右,距博乐市城区以西 10 km 处的青德里乡林业看护站附近的一所民宅遭雷电袭击,雷电闪光及一声巨响将正在熟睡中的依某惊醒。据他本人回忆:"当时,一道闪电穿过屋顶顺墙而下,直击在距他的头部不到 50 cm 的睡炕上,家中装修墙壁被熏黑,睡炕上地毯被击穿,庭院电源保险丝烧毁"。

(15)7 月 10 日 10 时左右,新疆塔城地区和布克赛尔蒙古自治县查干库勒乡遭遇强对流天气,该乡巴音查干村村民巴某家的羊群遭雷击,共造成 173 只羊死亡或失踪(其中 143 只羊被雷击死亡,30 只羊被局地降雨引发的洪水冲走),直接经济损失 17.3 万元。

(16)7 月 17 日 18 时 40 分出现强对流天气过程,使博乐阿热托海牧场夏草场羊群遭受雷击,造成该场托布哈提村 57 只羊死亡,直接经济损失约 6 万元。

(17)7 月 17 日晚 21 时 30 分,家住尉犁县努尔巴格新村来疆种地的农民工王某和张某两人干完农活后在骑电动自行车回家的路上被雷电击中,王某坐在张某身后当场被雷击死,张某颅内和耳朵内出血,锁骨骨折。另外,还有一名打工人员贺某在距离死者前 20 m 处骑电动车也被雷击倒,出现肌肉紧缩症状,无大碍。据当地气象局观测,当时正在下雨,并伴有强雷暴天气。

2.2.2　雷电灾害分布概况

从雷电灾害地区分布来看,17 起雷电灾害中塔城地区发生 3 起;阿勒泰地区 2 起;伊犁哈萨克自治州 2 起;博尔塔拉自治州 2 起;昌吉州 2 起;喀什地区 2 起;阿克苏地区 1 起;和田地区 1 起;巴州 1 起;哈密地区 1 起。

新疆雷电灾害连续 3 年逐年增多,2012 年高于近 5 年平均水平,雷电灾害造成的人员伤亡是有资料统计以来的历年之最。

2012 年 4—9 月发生雷电灾害事故 17 起,其中 6 月雷电灾害事故 8 起,占总数的47.06%;7 月雷电灾害事故 6 起,占总数的 35.29%;4 月、5 月、8 月各 1 起(图 2.3)。

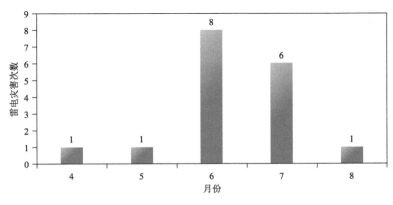

图 2.3　雷电灾害月分布

2.2.3　雷电灾害分析

2012 年雷电灾害死亡人数和雷电灾害事故次数较前几年明显增多。据不完全统计,6 月至 8 月发生的 17 起雷电灾害中有 14 起发生在农牧区,占总数的 82.35%。其中人员伤亡事故 8 起,造成 7 人死亡、7 人受伤;262 只羊死亡和 30 只羊失踪;20 多台计算机损坏、2 台信号控制器被击毁;雷击损坏电视塔卫星接收器和电视塔监控系统高频头 1 个、摄像头 3 个,部分电视节目停播(图 2.4)。

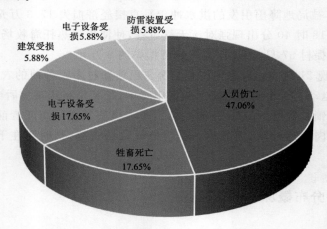

图 2.4　雷电灾害次数分布

雷电灾害主要发生在农牧区的原因,一是农牧区防雷措施不完善,二是农牧民防雷意识不强,三是防雷减灾知识欠缺。此外部分城镇以及城市内电子设备损坏的主要原因是因为防雷装置安装达不到规范要求的标准。

2.3　2013 年雷电灾害特征分析

2.3.1　雷电灾害事件

(1)6 月 17 日夜,柯坪县城上空电闪雷鸣,大雨滂沱,雷声之大,大有"把天炸开个口子的架势"。强雷致县委办机要局电视电话会议电子设备烧毁,据工作人员反映,烧毁器材设备价值达 20 万元,已送上级单位紧急更换。

(2)6 月 24 日凌晨,农十二师发生雷电灾害,农十二师党校卫星接收机 6 台、网络交换机 7 台、路由器 3 台、电视机 2 台、高频头 1 个、监控主机 1 台、摄像头 2 个、电动大门主板 1 块等设备的损坏,直接损失 3 万余元。

(3)7 月 9 日 21 时 30 分,吉木乃县出现暴雨、雷电天气,造成恰勒什海乡阿合恰尔村 22 hm² 小麦受损,绝收面积 21 hm²,损坏耕地 3 hm²,托普铁热克乡 6 间房屋损坏(其中 1 间严重受损),直接经济损失 35.6 万元。同时,雷电天气造成托斯特乡塔斯特村海那尔片区 1 户平房遭遇雷击,该住房居民阿某当场意外身亡。当日气象局观测有雷电记录。

(4)7 月 28 日 13 时左右,新疆昌吉州吉木萨尔县三台镇小三台沟牧区,一群羊遭雷击,共击死 35 只,直接经济损失约 7 万元。

(5)8 月 6 日 08 时塔城市恰夏乡六大队移动公司机房,传输柜起火,8 条光缆中断,直接经济损失约 0.7 万元。

(6)9 月 14 日 22 时 46 分,喀什某单位,遭到雷击,损坏计算机一台,损失 0.8 万元。

2.3.2 雷电灾害时空分布概况

从雷电灾害地区分布来看,昌吉州吉木萨尔县发生 2 起、阿勒泰地区吉木乃县 1 起、塔城市恰夏乡六大队 1 起、喀什地区 1 起、乌鲁木齐市 1 起。全年 6 起雷电灾害中 4 起发生在农村。

2013 年 6—9 月发生雷电灾害事故 6 起,其中 7 月、8 月各 2 起,6 月、9 月各 1 起。雷击造成 1 人死亡、35 只羊和 4 头牛死亡;喀什某单位损坏计算机一台;乌鲁木齐市某校园卫星接收机 6 台、网络交换机 7 台、路由器 3 台、电视机 2 台、高频头 1 个、监控主机 1 台、摄像头 2 个、电动大门主板 1 块等设备损坏;塔城市恰夏乡六大队的塔城移动公司机房遭到雷击,传输柜起火,造成 8 条光缆中断。

2.3.3 雷电灾害分布概况

2013 年 4—9 月发生雷电灾害事故 6 起,其中 7 月和 8 月雷电灾害事故分别为 2 起,6 月、9 月各 1 起(图 2.5)。

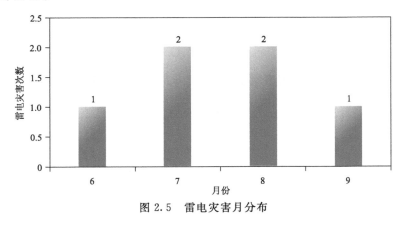

图 2.5 雷电灾害月分布

2.3.4 雷电灾害分析

2013 年雷电强度和陡度均比 2012 年增强,造成了 2013 年雷电灾害的电子设备损坏较 2012 年明显增多。雷电流强度和陡度值的大小,直接影响着电器仪器设备的损坏程度,雷电造成电子设备损坏的主要原因,是防雷装置安装达不到相关防雷规范的要求。此外 4 起雷电灾害发生在农牧区,究其原因,一是农牧区防雷措施不完善,二是农牧民防雷意识不强,三是防雷减灾知识欠缺。

2.4　2014 年雷电灾害特征分析

2.4.1　雷电灾害事件

(1)2014 年 6 月 13 日 22 时 30 分,哈密地区伊吾县盐池镇阿尔通盖村发生雷灾,造成 1 人死亡,111 只羊和 1 匹马死亡,直接经济损失 54.3 万元。

(2)6 月 19 日阿勒泰红墩乡雷击造成 1 人死亡;2014 年 6 月 18 日午后、19 日午后,阿勒泰市出现局地强对流天气,伴有雷暴,阿勒泰测站两天累计降水量 4.8 mm。2014 年 6 月 19 日午后红墩乡两农民为避雨,在田间树下遭雷击,死亡 1 人,受伤 1 人。18 日巴里巴盖乡 48 只羊雷击死亡,损失 9.6 万元。洪水淹没小麦玉米等农田 538 hm²、30 户饲料坑,冲毁水渠 150 m,损失 344.4 万元。

(3)6 月 19 日 20 时,和田地区皮山县克力阳乡伊斯法罕村发生雷灾,造成 1 人受伤 ,1 只羊死亡,直接经济损失 0.6 万元。

(4)6 月 20 日塔城和布克赛尔县莫特格乡哈拉尕特村雷击 1 人死亡。

(5)7 月 10 日下午,阿合奇县某单位因雷击造成采集器、计算机、外网光纤终端、分屏器、监控摄像头(4 个)损毁,LED 显示屏出现异常。

(6)8 月 20 日,库尔勒某单位遭雷击损坏保险 62 只,压力变送器 3 个、温度变送器 2 个。

2.4.2　雷电灾害分布概况

2014 年 4—9 月发生雷电灾害事故 6 起,其中 6 月雷电灾害事故为 4 起,7 月、8 月各 1 起(图 2.6)。

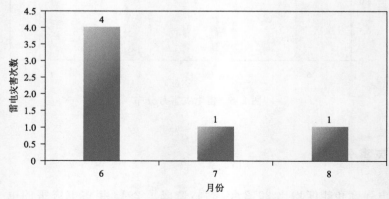

图 2.6　2014 年新疆雷电灾害月分布

2.4.3　雷电灾害分析

2014 年发生的闪电数及雷电灾情数与 2013 年接近,但是造成的人员伤亡比 2013 年严重,雷电灾害仍以乡镇农村和牧区为主,电子设备损坏较为严重。

2.5　2015 年雷电灾害特征分析

2.5.1　雷电灾害事件

(1)5 月 4 日下午新疆塔城地区裕民县吉也克乡寄宿学校遭雷击,击坏 2 台配电系统电源保护器。(电力设备坏)

(2)5 月 5 日 18 时新疆乌鲁木齐市新疆石油勘探地调处家属院遭雷击,击毁 1 个屋角,1 个配电箱起火。击坏 1 个电视机顶盒。直接经济损失 3 万元。(建筑物损坏)

(3)5 月 15 日下午新疆塔城裕民县 161 团 7 连遭雷击,造成 1 人死亡(灾情发生时,受灾人员正在放牧)。(人死亡)

(4)6 月 9 日 11 时,在昌吉州木垒县雀仁乡依条埧夏牧场(双湾村南部山区),1 牧民在毡房里遭到雷击当场死亡。(人死亡)

(5)6 月 13 日下午,新疆伊犁州霍城县中国石油霍城分公司遭雷击,击坏 3 台网络机柜交换机、2 台台式电脑、1 台电源箱、1 个设备仪器。直接经济损失 4 万元。(工厂设备坏)

(6)6 月 27 日下午新疆阿勒泰地区青河县遭雷击,造成 36 只羊死亡,直接经济损失 7.2 万元。(牲畜死亡)

2.5.2　雷电灾害分布概况

2015 年 4—9 月发生雷电灾害事故 6 起,其中 6 月雷电灾害事故为 4 起,7 月、8 月各 1 起(图 2.7)。

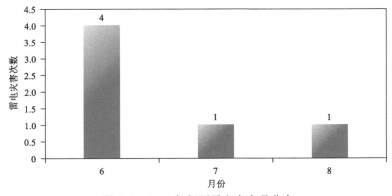

图 2.7　2015 年新疆雷电灾害月分布

2.5.3　雷电灾害分析

2015 年发生的雷电灾害仍以乡镇农村和牧区为主,电子设备损坏较为严重,如 2015 年 5 月 5 日 16 时 49 分至 17 时 51 分,乌鲁木齐市出现强雷暴天气,迎宾北一路某家属院遭受雷击,造成 89 号住宅楼屋面西北角被雷电击中,另一配电室因雷电导致配电柜起火,火灾烧毁低压配电设备,小区用户停电 6 h。经现场勘察、取证、分析此次雷灾主要是雷电感应造成的后果。

2.6　2016 年雷电灾害特征分析

2.6.1　雷电灾害事件

2016 年 4 月 29 日 17 时 35 分,伊犁州霍城县清水河镇清水村三组遭雷击,造成 1 人身亡,灾情发生时,大降水导致其家中牛棚漏雨,受灾人员正在维修,因雷电击中牛棚,雨水导电所致。雷电发生时的天气描述:17 时 30 分开始,霍城县清水河镇上空出现雷暴天气并伴有强降水。

2.6.2　雷电灾害分布概况

据不完全统计,2016 年 4—10 月发生雷电灾害事故 1 起,造成 1 人死亡。

2.6.3　雷电灾害分析

2016 年新疆雷电活动较往年偏早偏强,4 月共发生闪电 2252 次,比上年同期偏多 1347 次,尤其是乌鲁木齐首场强对流雷暴天气比去年提前了 11 d;5 月闪电主要出现在我区偏西偏北地区;6 月中旬后期至下旬,北疆地区、天山山区等地出现了大范围强降水及强对流天气,使北疆发生的闪电占月总闪电数的 62.9%;7 月由于局地对流天气偏强,全疆各地州的闪电次数与去年同期相比均偏多;8 月、9 月、10 月发生的闪电也都比去年同期偏多。

2016 年发生的雷电灾情仍然在乡镇农村。

2.7　2017 年雷电灾害特征分析

2.7.1　雷电灾害事件

(1)6 月 30 日 16:00 某市农业开发区的枢农简易变电站遭受雷击起火,造成直接经济损失约 50 万元；

(2)8 月 1 日 15:18 左右某公司工作设备遭雷击损坏,造成直接经济损失约 53 万元；

(3)9 月 8 日凌晨某公司天然气处理站工业污水排气筒雷击起火,未造成严重的经济损失。

2.7.2　雷电灾害分布概况

2017 年 4—9 月发生雷电灾害事故 3 起,6 月、8 月、9 月各 1 起(图 2.8)。

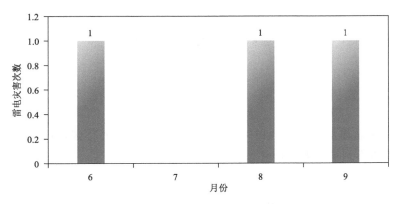

图 2.8　2017 年雷灾事故月分布

2.7.3　雷灾分析

2017 年雷电灾害事故均发生在油田、天然气处理站和变电站,主要是因为部分电子设备防雷装置安装达不到规范要求的标准。

2.8　2018 年雷电灾害特征分析

2.8.1　雷电灾害事件

(1)2018 年 7 月 14 日 17 时 30 分左右,雷击造成新疆油田某消防支队办公大楼两部接警电话损坏,两台电脑主机损坏,办公网中断(后自行恢复),直接经济损失 1.2 万元。

(2)2018 年 8 月 20 日 02 时 30 分,克拉玛依市某油田公司管汇站遭雷击,造成 3 个计量控制箱 PLC 模块和 1 台空调设备损坏,直接经济损失 1.5 万元。

2.8.2　雷电灾害分布概况

2018 年 4—9 月发生雷电灾害事故 2 起,7 月、8 月各 1 起(图 2.9)。

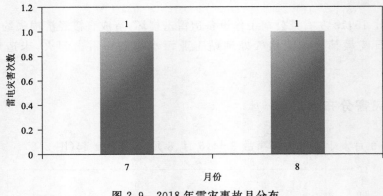

图 2.9　2018 年雷灾事故月分布

2.8.3　雷电灾害分析

　　2018 年雷电灾害事故发生在油田采油作业区和消防支队办公区,主要是因为部分电子设备防雷装置安装达不到规范要求的标准。

2.9　2019 年雷电灾害特征分析

2.9.1　雷电灾害事件

　　(1)4 月 22 日 07 时 35 分许,巴州和静县克尔古提乡哈提村角云沟因雷电击中半山腰云杉起火发生森林火灾,过火面积 20 m²,参与救援人员 150 余人,救援车辆 22 辆,无人员伤亡。

　　(2)5 月 23 日 23 时许,雷电击中乌鲁木齐县甘沟乡永胜村清真寺门口电线杆,导致电路断路,无人员伤亡。

　　(3)5 月 8 日下午,哈密市公路管理局二堡收费站遭雷击,导致供电系统瘫痪,主变压器烧坏,部分工作设备损坏,造成直接经济损失 20 万元,间接经济损失 10 万元。

　　(4)6 月 14 日 17 时 40 分许,阿克苏地区乌什县地震台遭受雷击,导致测震、水管仪、伸缩仪、垂直摆出现数据中断,测震仪器出现故障,B 级防雷器损坏。

　　(5)6 月 30 日 01 时 50 分许,喀什地区中石油新疆销售有限公司喀什分公司油库遭受雷击,导致营业楼中控室内控制系统遭到破坏,消防泵房电消防柴拖泵、消防水管液位、消防水罐电动阀以及周边报警系统主机显示故障。

　　(6)7 月 18 日 02 时 50 分左右,独山子桃李园大酒店遭雷击,导致其配电室总电源开关跳闸,全楼停电。

　　(7)7 月 18 日中午,乌鲁木齐市达坂城区供电局遭雷击,引发电力通信网络中断。

　　(8)7 月 20 日 16 时 30 分左右,博乐市阿热勒托海天莱牧业养殖有限责任公司改良示范厂草料(麦堆)遭受雷击,导致 6 座草料堆(650 t)着火,造成直接经济损失 30 万元。

(9)7 月 20 日 21 时 40 分左右,由于雷电造成部分高压线跳闸,致使博乐市南城区大面积停电,部分电力设备损坏,造成一定的经济损失。

2.9.2　雷电灾害分布概况

2019 年 4—9 月发生雷电灾害事故 9 起,其中 7 月 4 起,占总事故次数的 44.4%,5 月和 6 月各发生 2 次,4 月发生 1 次(图 2.10)。

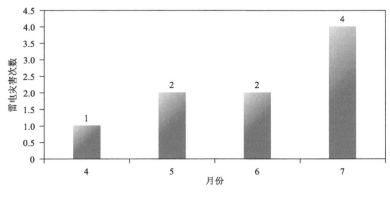

图 2.10　2019 年雷灾次数月分布

2.9.3　雷电灾害分析

2019 年雷电灾害事故中 41.4% 的事故发生在农牧区,造成了部分农牧民伤亡,主要原因是农牧区防雷措施不完善、防雷减灾知识欠缺及农牧民防雷意识不强;其次是民用电子设备损坏,占雷灾事故总数的 32.9%,主要是因为部分城镇以及城市内电子设备防雷装置安装达不到规范要求的标准。另外,电力设备、建筑物和工厂设备等都不同程度的因遭受雷击而损坏(如图 2.11 所示)。

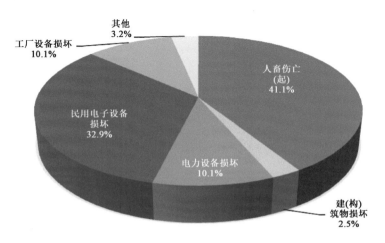

图 2.11　2005—2019 年雷灾次数分布

2.10　2020 年雷电灾害特征分析

据气象部门不完全统计,2020 年全疆无雷电灾害上报。

第3章 2012—2020 年新疆雷电活动特征分析

3.1 2012 年雷电活动特征分析

2012 年全疆闪电定位系统监测共发生地闪 94144 次，主要以负闪为主，闪电强度负闪比正闪略低。全年地闪主要集中在 6—8 月，占全年地闪的 96.49％，其中 7 月发生的地闪最多。地闪主要发生在 15—20 时（北京时，下同），该时段地闪次数占总数的 52.67％。

3.1.1 闪电活动概况

根据全疆 43 个闪电定位监测站的监测资料显示，2012 年全疆共发生地闪 94144 次，其中正闪 9978 次，占总数的 10.6％；负闪 84166 次，占总数的 89.4％，全疆地闪主要以负闪为主（图 3.1）。全疆一天内出现大于 1000 次地闪的县有：和布克赛尔县（7 月 10 日 1621 次、8 月

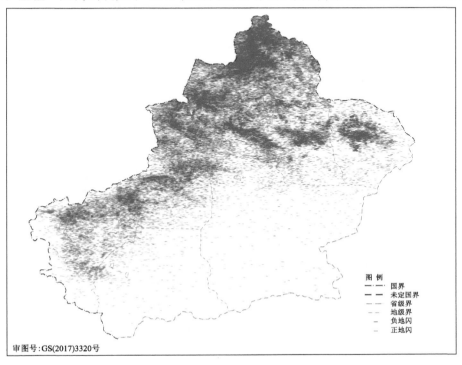

图 3.1 2012 年全疆闪电实况

10 日 1380 次)、布尔津县(6 月 25 日 1375 次)、福海县(8 月 10 日 1264 次)、哈密市(7 月 7 日 1214 次)。

　　2012 年地闪主要发生在阿勒泰、塔城、阿克苏、昌吉、哈密、伊犁。阿勒泰发生地闪最多,共 27273 次,占地闪总数的 28.98%;塔城地区次之,共 19931 次,占地闪总数的 21.17%;地处沙漠腹地的和田地区最少,共 550 次。

　　2012 年地闪月分布呈单峰型,集中在 6—8 月,共 90200 次,占全年总数的 95.81%,其中 7 月最多 44180 次,占全年总数的 46.93%(图 3.2)。2012 年地闪主要发生时段为 15—20 时,该时段占地闪总数的 52.67%,21 时至次日 01 时发生的地闪次之,占地闪总数的 22.49%(图 3.3)。

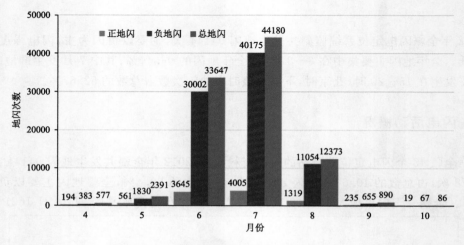

图 3.2　地闪月分布

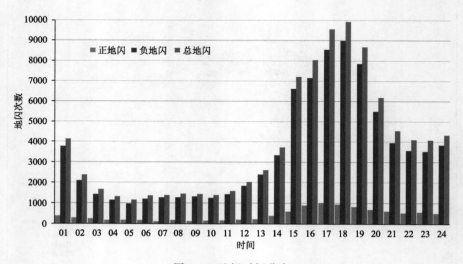

图 3.3　地闪时间分布

3.1.2　闪电活动强度

2012 年负闪电强度在 10～40 kA 之间出现频率最高,占负闪总数的 85.56％,负闪电强度 99％小于 110 kA;正闪电强度在 10～80 kA 之间出现频率最高,占正闪总数的 83.09％,正闪电强度 99％小于 180 kA;正负闪月平均强度 5 月至 9 月变化不大(图 3.4、图 3.5、图 3.6)。

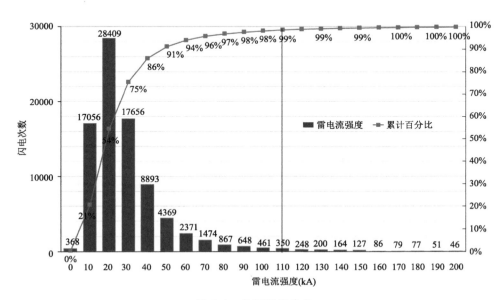

图 3.4　负闪强度分布

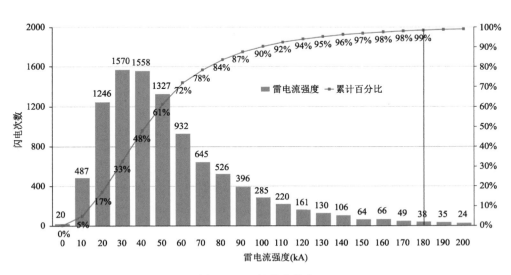

图 3.5　正闪强度分布

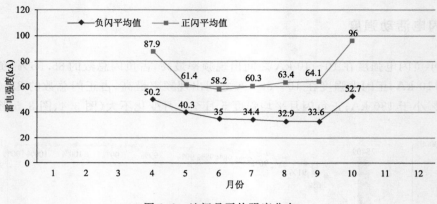

图 3.6　地闪月平均强度分布

3.1.3　闪电活动陡度

2012 年地闪陡度分布主要在 0 kA/μs 至 12 kA/μs 之间,占全年闪电的 93.26%,年平均陡度值为 8.45 kA/μs。陡度最大值为 99.8 kA/μs,6 月 20 日 22 时 56 分出现在塔城地区托里县(图 3.7)。

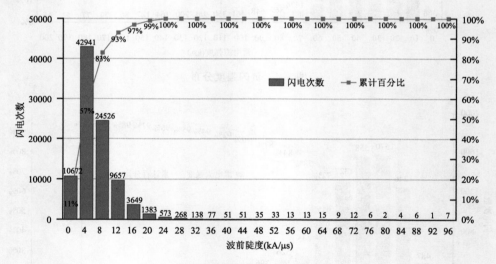

图 3.7　地闪陡度分布

3.2　2013 年雷电活动特征分析

2013 年闪电定位系统监测共发生地闪 68493 次,主要以负闪为主。地闪主要集中在 6—8 月,占全年地闪的 87.07%,其中 7 月发生的地闪最多。地闪主要发生在 14—20 时,占地闪总数的 57.37%。2013 年地闪的闪电强度和陡度较 2012 年均有所增强。

3.2.1　闪电活动概况

根据全疆 43 个闪电定位监测站的监测资料显示,2013 年全疆共发生地闪 68493 次(图 3.8),其中正闪 8969 次,占总数的 13.09%;负闪 59524 次,占总数的 86.91%。全疆一天内出现大于 600 次地闪的有:和布克赛尔县(6 月 23 日 808 次、7 月 10 日 655 次)、福海县(6 月 23 日 696 次)。

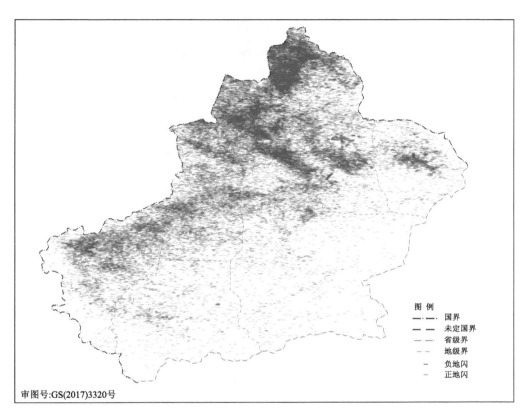

图 3.8　2013 年全疆闪电实况

地闪月分布呈单峰型,集中在 6—8 月,共 59638 次,占全年总数的 87.07%,其中 7 月最多 29508 次,占全年总数的 43.08%(图 3.9)。2013 年地闪主要发生时段为 14—20 时,该时段占地闪总数的 57.37%,21 时至次日 01 时发生的地闪次之,占地闪总数的 27.12%(图 3.10)。

3.2.2　闪电活动强度

2013 年负闪电强度在 10~30 kA 之间出现频率最高,占负闪总数的 77.04%,负闪电强度 99% 小于 130 kA;正闪电强度在 20~50 kA 之间出现频率最高,占正闪总数的 58.02%,正闪电强度 99% 小于 210 kA,正负闪强度均比 2012 年增强;全疆月平均强度 6—8 月变化不大 (图 3.11—图 3.13)。

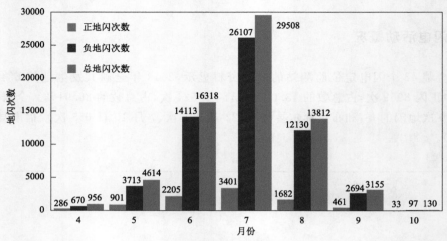

图 3.9　地闪月分布

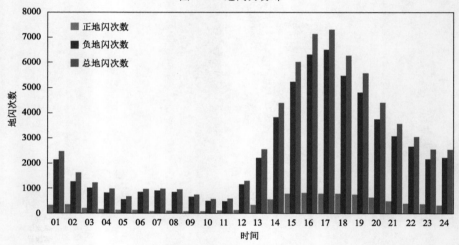

图 3.10　地闪时间分布

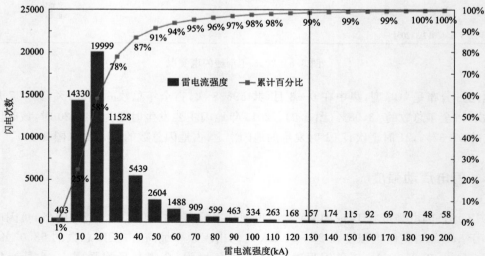

图 3.11　负闪强度分布

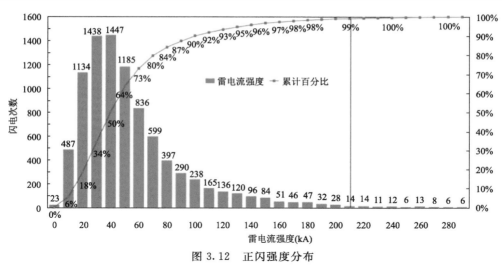

图 3.12　正闪强度分布

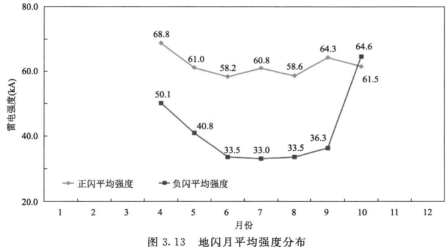

图 3.13　地闪月平均强度分布

3.2.3　闪电活动陡度

2013 年地闪陡度分布主要在 4~8 kA/μs 之间,占全年闪电的 71.51％,年平均陡度值为 8.8 kA/μs,强于 2012 年平均陡度(8.45 kA/μs)。陡度最大值为 99.8 kA/μs,7 月 17 日 03 时 40 分出现在吐鲁番市(图 3.14)。

3.3　2014 年雷电活动特征分析

2014 年闪电定位系统监测全疆共发生地闪 68517 次,主要以负闪为主。地闪主要集中在 6—8 月,占全年地闪的 89.85％,其中 6 月发生的地闪最多。地闪主要发生在 14—20 时,占地闪总数的 62.51％。

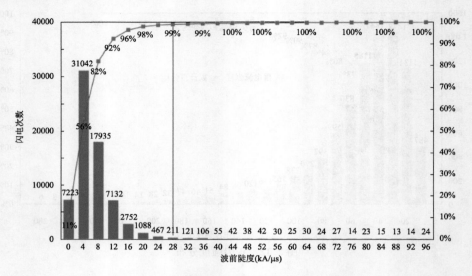

图 3.14　地闪陡度分布

3.3.1　闪电活动概况

根据全疆 48 个闪电定位监测站的监测资料显示，2014 年全疆共发生地闪 68517 次，其中正闪 7413 次，占总数的 10.82％；负闪 61104 次，占总数的 89.18％（图 3.15）。

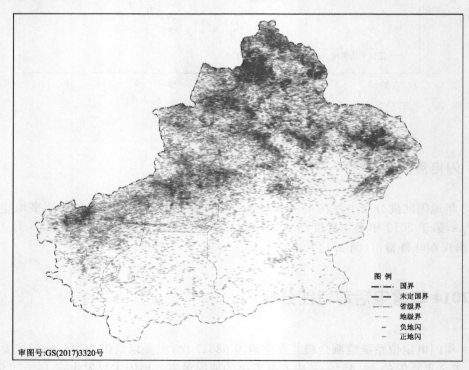

审图号:GS(2017)3320号

图 3.15　2014 年新疆闪电实况图

2014 年地闪主要发生在阿勒泰地区、塔城地区、哈密地区、昌吉回族自治州、阿克苏地区。阿勒泰发生地闪最多,共 15343 次,占地闪总数的 22.39%;塔城地区次之,共 12603 次,占地闪总数的 18.39%;石河子市地闪发生最少共 48 次。阿勒泰地区吉木乃县、塔城地区和布克赛尔县、哈密市雷击大地密度较大(图 3.16)。

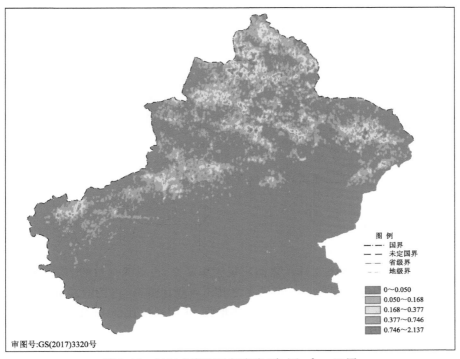

审图号:GS(2017)3320号

图 3.16　2014 年新疆地闪密度(次/(km² · a))图

地闪月分布呈单峰型,集中在 6—7 月,共 51214 次,占全年总数的 74.75%,其中 6 月最多 34751 次,占全年总数的 50.72%(图 3.17)。2014 年地闪主要发生时段为 14—20 时,该时段占地闪总数的 62.51%(图 3.18)。

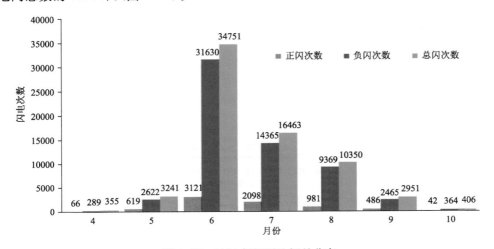

图 3.17　2014 年新疆地闪月分布

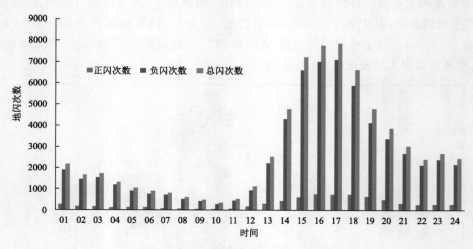

图 3.18　2014 年新疆地闪时间分布

3.3.2　闪电活动强度

2014 年负闪电强度在 20～40 kA 之间出现频率最高,占负闪总数的 78.03％,负闪电强度 99％小于 160 kA;正闪电强度在 30～60 kA 之间出现频率最高,占正闪总数的 58.55％,正闪电强度 99％小于 190 kA。负闪强度比 2013 年增强,正闪强度比 2013 年略有减弱。全疆月平均强度 6—7 月变化不大(图 3.19—图 3.21)。

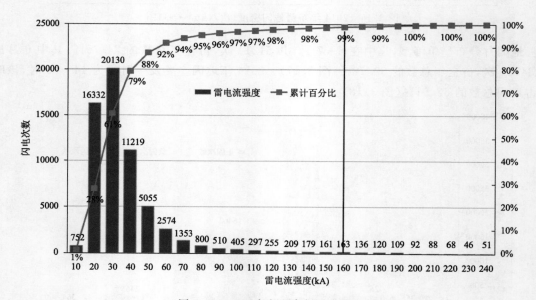

图 3.19　2014 年新疆负闪强度分布

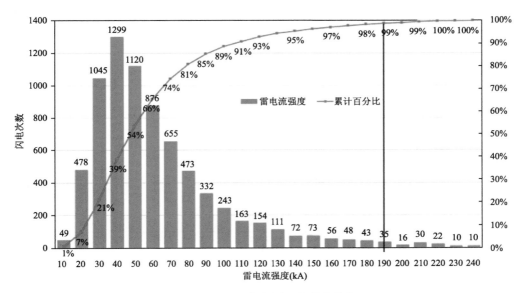

图 3.20 2014 年新疆正闪强度分布

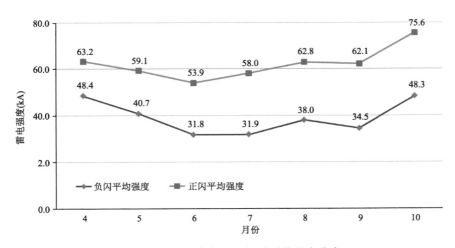

图 3.21 2014 年新疆地闪月平均强度分布

3.3.3 闪电活动陡度

2014 年地闪陡度分布主要在 8～12 kA/μs 之间,占全年闪电的 68.61%,年平均陡度值为 8.8 kA/μs,陡度最大值为 99.6 kA/μs,8 月 21 日 15 时 30 分出现在吐鲁番地区鄯善县(图 3.22)。

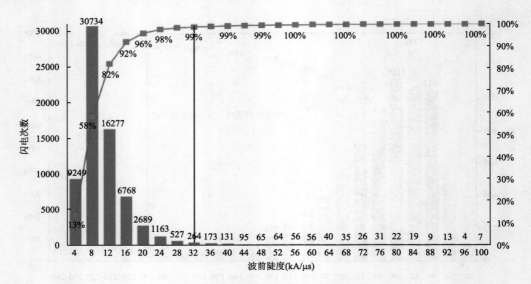

图 3.22　2014 年新疆地闪陡度分布

3.4　2015 年雷电活动特征分析

3.4.1　闪电活动概况

2015 年 4—10 月,闪电定位系统监测全疆共发生地闪 49435 次,主要以负闪为主。地闪主要集中在 5—7 月,占全年地闪的 83.1%,其中 6 月发生的地闪最多。地闪主要发生在 14—22 时,该时段占地闪总数的 58.2%(图 3.23)。

2015 年地闪主要发生在阿勒泰地区、阿克苏地区、塔城地区、昌吉回族自治州、巴音郭楞蒙古自治州和哈密地区。阿勒泰发生地闪最多,共 9315 次,占地闪总数的 18.8%;阿克苏地区次之,共 7574 次,占地闪总数的 15.3%;石河子市地闪发生最少共 40 次。阿勒泰地区西部、塔城地区南部和阿克苏地区、阿图什市、哈密市雷击大地密度较大(图 3.24)。

2015 年地闪月分布呈单峰型,主要集中在 5—7 月,共 41099 次,占全年总数的 83.1%,其中 6 月最多 23235 次,占全年总数的 47%(图 3.25)。2015 年地闪累计日分布主要发生在 4日、5 日、15 日、22—24 日,尤其是 5 日发生的闪电最多,为 3752 次,占全年闪电总数的 7.6%(图 3.26)。2015 年地闪主要发生时段为 14—23 时,该时段占地闪总数的 74%(图 3.27)。

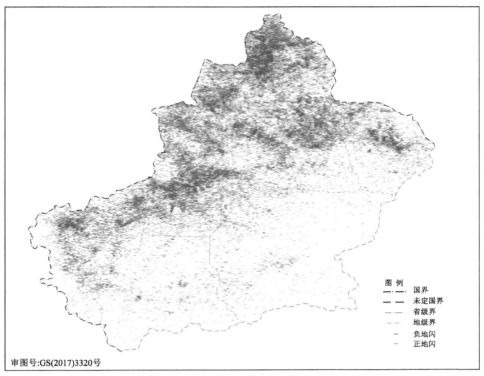

图 3.23　2015 年新疆闪电分布实况

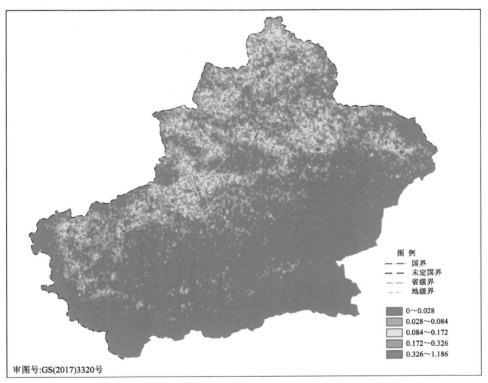

图 3.24　2015 年新疆地闪密度（次/（km² · a））图

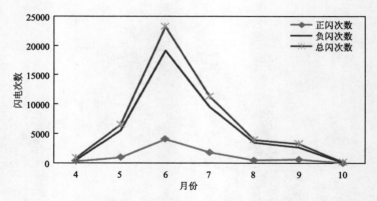

图 3.25　2015 年新疆地闪月分布

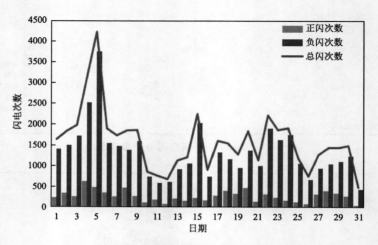

图 3.26　2015 年新疆地闪日分布

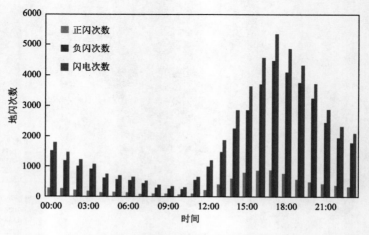

图 3.27　2015 年新疆地闪时间分布

3.4.2　闪电活动强度

　　2015 年正闪电强度在 40～60 kA 之间出现频率最高,占正闪总数的 46.8%,正闪电强度 99% 小于 190 kA,正闪最大强度 239.5 kA,5 月 27 日 22 时 28 分出现在伊犁哈萨克自治州霍城县(图 3.28);负闪电强度在 20～40 kA 之间出现频率最高,占负闪总数的 75.3%,负闪电强度 99% 小于 160 kA,负闪最大强度 238.6 kA,9 月 19 日 16 时 45 分出现在喀什地区巴楚县(图 3.29);全疆月平均强度 5—8 月变化不大(图 3.30);雷击概率在 20～40 kA 之间最高,峰值在 30 kA 占雷击概率的 29%(图 3.31)。

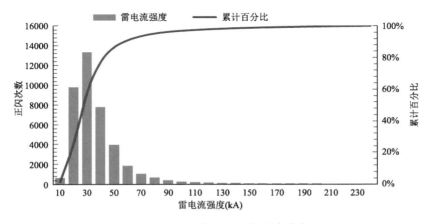

图 3.28　2015 年新疆正闪强度分布

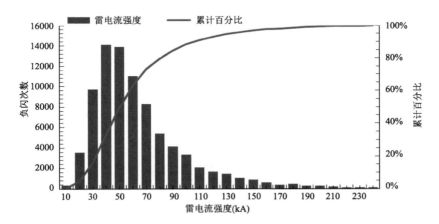

图 3.29　2015 年新疆负闪强度分布

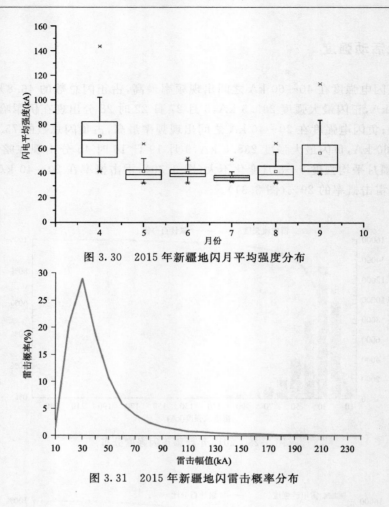

图 3.30　2015 年新疆地闪月平均强度分布

图 3.31　2015 年新疆地闪雷击概率分布

3.4.3　闪电活动陡度

2015 年地闪陡度分布主要在 8～12 kA/μs 之间,占全年闪电的 69.2%,年平均陡度值为 8.7 kA/μs,陡度最大值为 99.5 kA/μs,5 月 30 日 23 时 37 分出现在巴音郭楞蒙古族自治州尉犁县(图 3.32)。

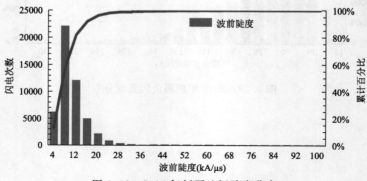

图 3.32　2015 年新疆地闪陡度分布

3.5　2016 年雷电活动特征分析

2016 年 4—10 月，闪电定位系统监测全疆共发生地闪 59012 次，主要以负闪为主。地闪主要集中在 6—7 月，占全年地闪的 62.1％，其中 7 月发生的地闪最多。地闪主要发生在 15—22 时，该时段占地闪总数的 61.0％。

3.5.1　闪电活动概况

根据全疆闪电定位监测系统监测资料显示，2016 年 4—10 月，全疆共发生地闪 59012 次，其中正闪 9836 次，占总数的 16.7％；负闪 49176 次，占总数的 83.3％（图 3.33）。

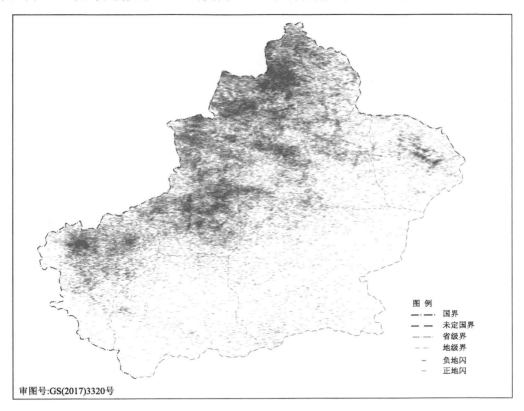

图 3.33　2016 年新疆闪电分布实况

2016 年地闪主要发生在阿克苏地区、阿勒泰地区、巴音郭楞蒙古自治州、博尔塔拉蒙古自治州。阿克苏发生地闪最多，共 9739 次，占地闪总数的 16.5％；阿勒泰地区次之，共 9131 次，占地闪总数的 15.5％；石河子市地闪发生最少共 28 次。阿勒泰地区西南部、塔城地区南部、阿克苏地区东部和克孜勒苏柯尔克孜自治州雷击大地密度较大（图 3.34）。

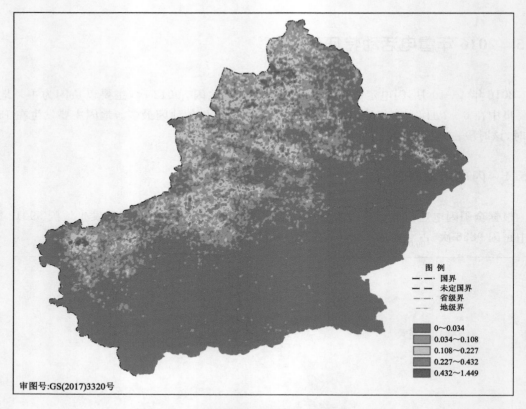

图 3.34　2016 年新疆地闪密度(次/(km² · a))图

　　2016 年地闪月分布呈单峰型,主要集中在 6—7 月,共 36626 次,占全年总数的 62.1%,其中 7 月最多 21092 次,占全年总数的 35.7%(图 3.35)。2016 年地闪主要发生时段为 15—22 时,该时段占地闪总数的 61.0%(图 3.36)。

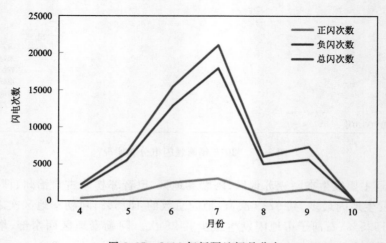

图 3.35　2016 年新疆地闪月分布

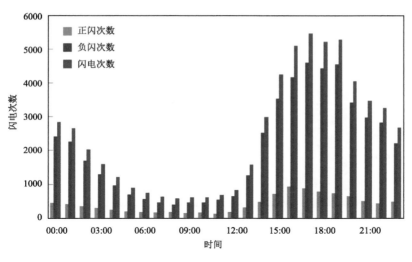

图 3.36　2016 年新疆地闪时间分布

3.5.2　闪电活动强度

2016 年正闪电强度在 30～60 kA 之间出现频率最高,占正闪总数的 54.6%,正闪电强度 99% 小于 200 kA,正闪最大强度 239.1 kA,8 月 26 日 18 时 26 分出现在克孜勒苏柯尔克孜自治州乌恰县(图 3.37);负闪电强度在 20～40 kA 之间出现频率最高,占负闪总数的 83.3%,负闪电强度 99% 小于 160 kA,负闪最大强度 238.8 kA,8 月 13 日 22 时 09 分出现在巴音郭楞蒙古自治州且末县(图 3.38)。

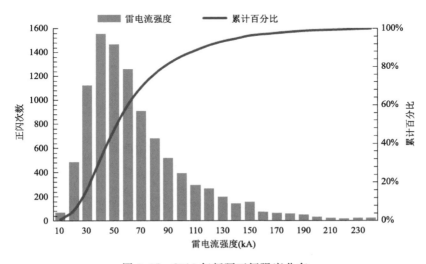

图 3.37　2016 年新疆正闪强度分布

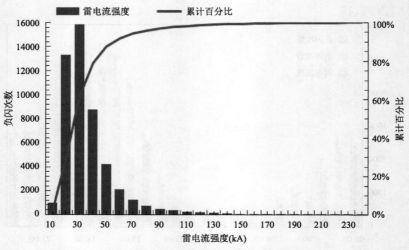

图 3.38　2016 年新疆负闪强度分布

3.5.3　闪电活动陡度

2016 年地闪陡度分布主要在 8～12 kA/μs 之间,占全年闪电的 70.7%,年平均陡度值为 8.4 kA/μs,陡度最大值为 85.8 kA/μs,6 月 24 日 19 时 55 分出现在塔城地区塔城市(图 3.39)。

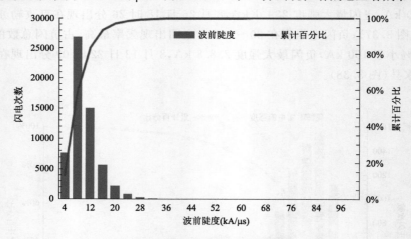

图 3.39　2016 年新疆地闪陡度分布

3.6　2017 年雷电活动特征分析

2017 年新疆地区共发生地闪 43606 次,负地闪 34774 次,占总数的 79.7%。正地闪 8832 次,占总数的 20.3%,但正地闪的平均强度约为负地闪的 2 倍,虽然正地闪发生次数较少,但 其强度值较大;地闪活动主要分布在偏西偏北地区(图 3.40);夏季(6—8 月)为地闪的高发季

节,占总数的 77.0％;14—22 时为地闪的高发时段,占总数的 62.0％。地闪强度主要分布在
20～40 kA,占总数的 65.6％。

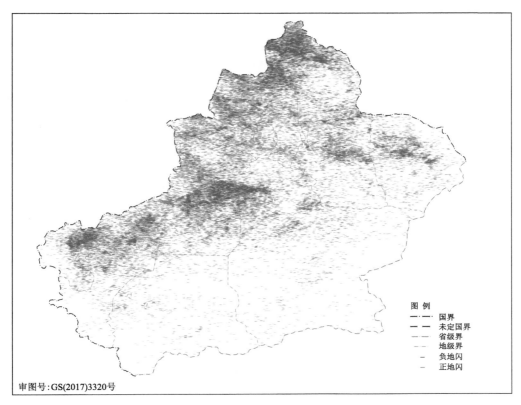

图 3.40　2017 年新疆地闪分布

地闪月分布成单峰型,主要集中在 6—8 月,5 月和 9 月次之,4 月和 10 月最少;而地闪平
均强度则在 10 月最强,其次为 4 月,5 月和 9 月次之,6—8 月最弱。由此可见,虽然新疆的闪
电主要发生在夏季、春秋较少,但闪电强度却在夏季较弱、春秋偏强。

3.6.1　闪电活动概况

根据全疆闪电定位监测系统监测资料显示,2017 年 4—10 月,全疆共发生地闪 43606 次,
其中负地闪 34774 次,正地闪 8832 次,负地闪占总数的 79.7％。

2017 年地闪密度大值区主要集中在我区偏西偏北的阿勒泰、阿克苏、克孜勒苏柯尔克孜
自治州和塔城等地区,地闪密度总体值小于 0.261 次/(km² · a)。密度较高区则主要分布在
克拉玛依、乌苏、沙湾、昌吉、呼图壁和玛纳斯等一线。南疆和田及沙漠戈壁地区的地闪密度值
最小。新疆的地闪密度分布呈现出北疆大于南疆,西部大于东部地区的特点(图 3.41)。

2017 年正、负和总地闪月分布均主要集中在 6—8 月,分别为 6516、27059、33575 次,依次
占全年总数的 15.0％、62.1％、77.0％。其中,负地闪和总地闪 8 月达到最高(9956 次、12010
次),分别占全年总数的 22.8％和 27.5％;而正地闪则在 6 月达到峰值(2511 次),占全年总数

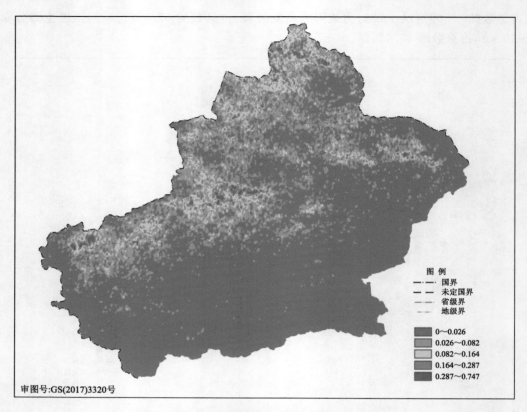

图 3.41　2017 年新疆地闪密度（次/（km² · a））图

的 5.8％。4 月总地闪发生较少,10 月最少,仅占全年总数的 0.07％,11 月至次年的 3 月几乎无地闪发生。2017 年地闪发生次数除了 4 月和 8 月外,均比近 3 年地闪平均次数偏少(图 3.42)。

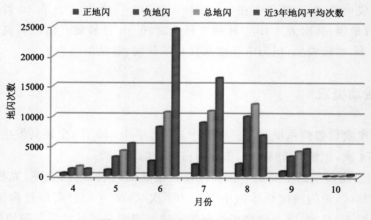

图 3.42　2017 年新疆地闪月分布

　　2017 年正、负和总地闪主要发生时段为 14—23 时,依次为 5923 次、23056 次和 28979 次,分别占全年总数的 13.6％、52.9％和 66.5％。总地闪和负地闪均在 09—12 时发生次数最少,并分别于 17 时、19 时达到一天中的峰值(3789 次、3103 次);而正地闪在 06—11 时处于地闪发生次数的低值区,并于 17 时达到峰值。2017 年地闪发生次数,除了在 05—09 时和 11 时外,均比近 3 年地闪平均次数有所减少。由上可知,新疆一般在 14 时以后比较容易出现强对流天气(图 3.43)。

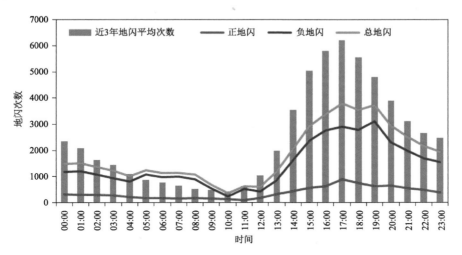

图 3.43　2017 年新疆地闪时间分布

3.6.2　闪电活动强度分布

2017 年总地闪、负地闪强度主要分布在 20～40 kA,分别占总数的 65.6%、74.8%,且峰值均出现在 30 kA;正地闪强度主要分布在 30～70 kA,占正地闪总数的 64.6%;总地闪强度 99% 小于 150 kA,且明显比近 3 年出现频率偏少(图 3.44)。

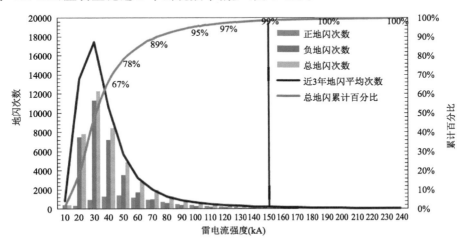

图 3.44　2017 年新疆地闪强度分布

2017 年正、负和总地闪月平均强度在 5—8 月波动均不大,总体呈缓慢减小趋势,从 9 月雷电流强度平均幅值开始逐渐回升,至 10 月增至最大,依次为 67.2 kA、59.6 kA、61.4 kA。

其中,4—9月正地闪的平均雷电流强度约为负地闪的2倍。2017年地闪平均强度在4月、8—9月均比近3年地闪强度平均值偏弱,而5—7月、10月则比近3年均值偏强(图3.45)。图3.46中方框的下底和上底分别代表占当月样本总数25％地闪强度的幅值,两条端须(延伸出的竖线)的端点分别代表占月样本总数的10％地闪强度的幅值。4—9月地闪总数的50％发生在25～50 kA之间,10月占据的雷电流强度幅值跨度较长;在4—10月中占据月样本总数的10％,地闪强度幅值大于7 kA;4月80％的地闪总数发生在7～100 kA的幅值跨度内,随着月份的变化,幅值跨度逐渐收缩,9月、10月开始又逐渐扩大。

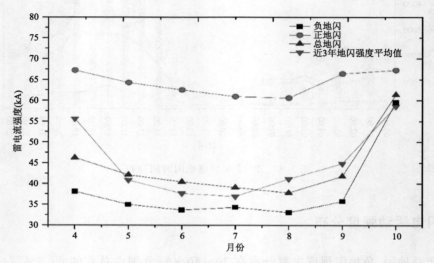

图3.45　2017年新疆地闪月平均强度分布

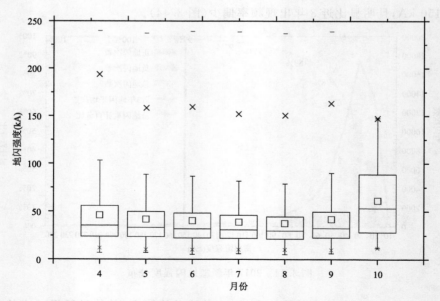

图3.46　2017年新疆地闪强度月分布

3.7　2018 年雷电活动特征分析

　　2018 年新疆地闪活动主要分布在偏西偏北及东部地区,共发生共发生地闪 37372 次,负地闪 31528 次,负地闪占总数的 84.4%。但正地闪的平均强度约为负地闪的 2 倍,虽然正地闪发生次数较少,但其强度值较大;夏季(6—8 月)为地闪的高发季节,占总数的 88.1%;14—20 时为地闪的高发时段,占总数的 56.0%;地闪强度主要分布在 20~40 kA,占总数的 67.5%。

　　另外,地闪月分布成单峰型,主要集中在 6—8 月,5 月和 9 月次之,4 和 10 月最少;而地闪平均强度则在 10 月最强,其次为 4 月,5 月和 9 月次之,6—8 月最弱。由此可见,虽然新疆的闪电主要发生在夏季、春秋较少,但闪电强度却在夏季较弱、春秋偏强。

3.7.1　闪电活动概况

　　新疆雷电实时定位系统监测(图 1.1)资料显示,2018 年共发生地闪 37372 次,负地闪 31528 次,占总数的 84.4%。正地闪 5844 次,占总数的 15.6%;主要分布在偏西偏北地区,东部地区也有分布(见图 3.47);夏季(6—8 月)为地闪的高发季节,占总数的 88.1%;14—20 时为地闪的高发时段,占总数的 56.0%。

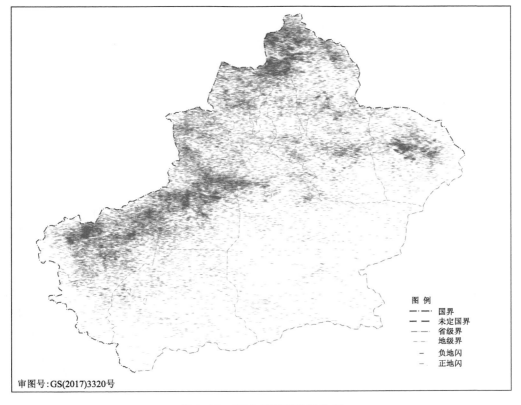

审图号:GS(2017)3320号

图 例
———·———　国界
——　——　未定国界
———————　省级界
———————　地级界
——　负地闪
——　正地闪

图 3.47　2018 年新疆地闪分布

2018 年地闪密度大值区主要集中在我区偏北偏西的阿勒泰、塔城、阿克苏、克孜勒苏柯尔克孜自治州和喀什等地区,地闪密度总体值小于 0.226 次/(km² · a)。密度较高区北疆主要分布在和布克赛尔、哈巴河、吉木乃等地区,南疆则分布在乌恰县、巴楚县、柯坪县、温宿、沙雅县等一线。南疆和田及沙漠戈壁地区的地闪密度值最小。新疆的地闪密度分布呈现出北疆大于南疆,西部大于东部地区的形式(图 3.48)。

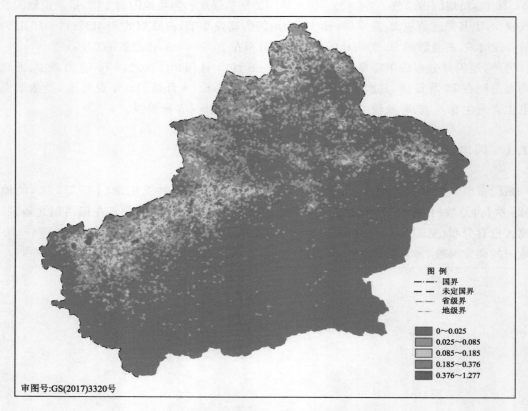

图例
— · — · 国界
— — 未定国界
— · · 省级界
— · · · 地级界

0~0.025
0.025~0.085
0.085~0.185
0.185~0.376
0.376~1.277

审图号:GS(2017)3320号

图 3.48　2018 年新疆地闪密度(次/(km² · a))图

2018 年正、负和总地闪月分布均主要集中在 6—8 月,分别为 4810 次、28109 次、32919次,依次占全年总数的 12.8%、75.21%、88.0%。其中,正、负地闪和总地闪均在 7 月达到最高(2267 次、14773 次、17040 次),分别占全年总数的 6.0%、39.5% 和 45.6%;4 月总地闪发生较少;10 月最少,仅占全年总数的 0.2%,11 月至次年的 3 月几乎无地闪发生。2018 年地闪发生次数仅 7 月外,均比近 3 年地闪平均次数偏少(图 3.49)。

2018 年正、负地闪主要发生时段为 15—20 时,依次为 2876 次和 15763 次,分别占全年总数的 7.6% 和 42.2%。总地闪主要发生时段为 14—20 时,较正、负地闪集中发生时段提前一小时。正、负地闪和总地闪均在 08—11 时发生次数最少,正地闪于 16 时、负地闪和总地闪于17 时达到一天中的峰值(524 次、3100 次、3619 次);2018 年地闪发生次数全天 24 小时均比近 3 年地闪平均次数有所减少。由上可知,新疆一般在 14 时以后比较容易出现强对流天气(如图 3.50 所示)。

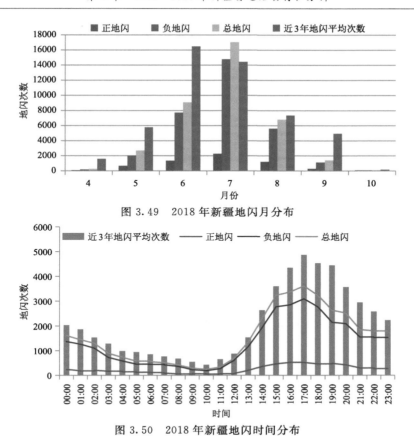

图 3.49　2018 年新疆地闪月分布

图 3.50　2018 年新疆地闪时间分布

3.7.2　闪电活动强度分布

2018 年总地闪、负地闪强度主要分布在 20～40 kA,分别占总数的 67.5％、74.3％,且峰值均为 30 kA;正地闪强度主要分布在 40～60 kA,占正地闪总数的 44.1％;总地闪强度 99％小于 150 kA,且明显比近 3 年出现频率偏少(图 3.51)。

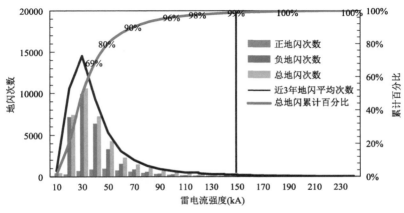

图 3.51　2018 年新疆地闪强度分布

2018 年正、负和总地闪月平均强度在 5—8 月波动均不大，总体呈缓慢减小趋势，从 9 月雷电流强度平均幅值开始逐渐回升，至 10 月增至最大。其中，5—8 月正地闪的平均雷电流强度约为负地闪的 2 倍。2018 年地闪平均强度在 4—6 月比近 3 年地闪强度平均值偏弱，而 7—8 月与近 3 年平均值持平。10 月则比近 3 年均值偏强（图 3.52）。

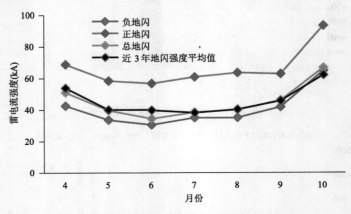

图 3.52   2018 年新疆地闪月平均强度分布

3.8   2019 年雷电活动特征分析

2019 年新疆地闪活动主要分布在偏西偏北地区，共发生地闪 73694 次，正地闪 10154 次，负地闪占总数的 86.2%。但正地闪的平均强度约为负地闪的 1.3～1.8 倍，虽然正地闪发生次数较少，但其强度值较大；夏季（6—8 月）为地闪的高发季节，占总数的 84.0%，5 月和 9 月次之，4 月和 10 月最少。而总地闪平均强度则在 10 月最强，5 月、4 月和 9 月次之，6—8 月最弱。由此可见，虽然新疆的地闪主要发生在夏季，春秋较少，但地闪强度却在夏季较弱，春秋偏强；14—21 时为地闪的高发时段，占总数的 62.5%；总地闪、负地闪强度主要分布在 20～40 kA，分别占总数的 69.6%、65.1%。

2019 年新疆地闪密度总体值小于 0.8 次/(km² · a)，大值区主要集中在偏西偏北地区，南疆和田巴州的沙漠戈壁地区的地闪密度值最小。而地闪强度大值区主要集中在新疆偏东和偏南沿昆仑山和阿尔金山一线的若羌县、且末县、民丰县、和田县的南部地区及南疆的沙漠盆地中。

3.8.1   闪电活动概况

新疆闪电（地闪）实时定位系统监测（图 1.1）资料显示，2019 年（4—10 月）共发生地闪 73694 次，负地闪 63540 次，占总数的 86.2%。正地闪 10154 次，占总数的 13.8%；主要分布在偏西偏北地区（图 3.53）。

2019 年地闪密度大值区主要集中在新疆偏西偏北的阿勒泰、塔城、阿克苏、克孜勒苏柯尔克孜自治州和哈密市等地区，地闪密度总体值小于 0.8 次/(km² · a)。密度较高区则主要分布在博乐和伊宁市、克拉玛依、乌苏、沙湾、昌吉等一线。南疆和田巴州的沙漠戈壁地区的地闪密度值最小。新疆的地闪密度分布呈现出北疆大于南疆,西部大于东部地区的特点(图 3.54)。

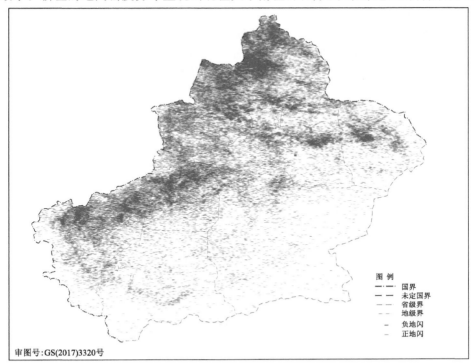

图 3.53　2019 年新疆地闪分布

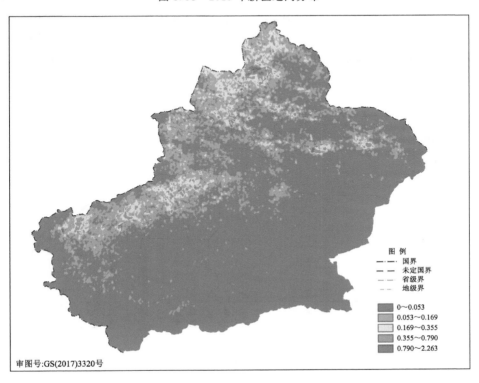

图 3.54　2019 年新疆地闪密度(次/(km² · a))分布图

　　2019年正、负和总地闪月分布均主要集中在 6—8 月,分别为 7464 次、54470 次、61934次,依次占全年总数的 10.1％、73.9％、84.0％。其中,正、负地闪和总地闪均于 7 月达到峰值(3611 次、30632 次、34243 次),分别占全年总数的 4.9％、41.6％和 46.5％;4 月份总地闪发生较少;10 月最少,仅占全年总数的 1.0％,11 月至次年 3 月几乎无地闪发生。2019 年总地闪发生次数除了 4 月、5 月和 8 月外,均比近 3 年地闪平均次数偏多(图 3.55)。

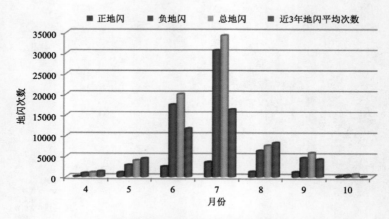

图 3.55　2019 年新疆地闪月分布

　　2019 年正、负和总地闪主要发生时段为 14—21 时,依次为 6418 次、39632 次和 46050 次,分别占全年总数的 8.7％、53.8％和 62.5％。总地闪和负地闪均在 08—12 时发生次数最少,并均于 16 时达到一天中的峰值(6168 次、7296 次);而正地闪在 7—11 时处于地闪发生次数的低值区,并也于 16 时达到峰值。由上可知,新疆一般在 14 时以后比较容易出现强对流天气。2019 年总地闪发生次数,除了在 01 时外,均比近 3 年地闪平均次数明显增多(如图 3.56 所示)。

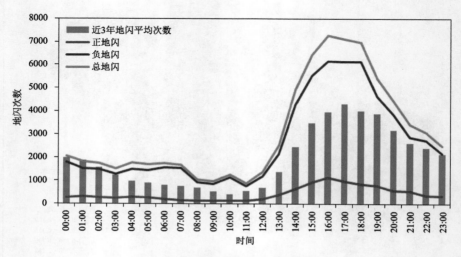

图 3.56　2019 年新疆地闪时间分布

3.8.2　闪电活动强度分布

2019 年地闪强度大值区主要集中新疆偏东和偏南沿昆仑山和阿尔金山一线的若羌县、且末县、民丰县、和田县的南部地区,其次则主要集中在南疆的沙漠盆地、和静县及其周边地区的天山山脉等地区,而沿天山经济带的北部地区、阿克苏地区北部、喀什地区中北部和克州地区则属于地闪强度低值区。

2019 年总地闪、负地闪强度主要分布在 20～40 kA,分别占总数的 69.6%、65.1%,且峰值均出现在 30 kA;正地闪强度主要分布在 30～60 kA,占正地闪总数的 55.5%;总地闪强度 99% 小于 140 kA。除了 10 kA 外,不同强度地闪出现的次数明显比近 3 年偏多(图 3.57)。

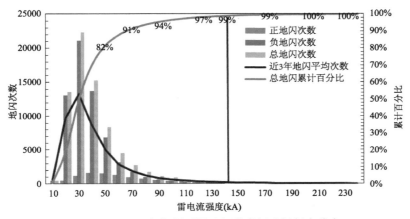

图 3.57　2019 年新疆不同地闪强度间地闪频次分布

2019 年正、负和总地闪月平均强度在 6—8 月波动均不大,且负地闪和总地闪雷电流强度平均幅值均在 6 月最小,7 月呈现缓慢增大的趋势,至 10 月增至最大,依次为 42.7 kA、48.1 kA。而正地闪雷电流强度平均最低值出现在 7 月,并于 9 月达到峰值(65.9 kA)。其中,4—10 月正地闪的平均雷电流强度约为负地闪的 1.3～1.8 倍。2019 年总地闪平均强度除了 5 月,均比近 3 年地闪强度平均值偏弱(图 3.58)。

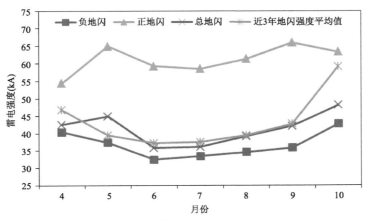

图 3.58　2019 年新疆地闪月平均强度分布

3.9　2020 年雷电活动特征分析

　　2020 年新疆地闪活动主要分布在偏西偏北地区,共发生地闪 42054 次,正地闪 7084 次,负地闪占总数的 83.15%。但正地闪的平均强度约为负地闪的 1.1~1.9 倍,虽然正地闪发生次数较少,但其强度值较大;夏季(6—8 月)为地闪的高发季节,占总数的 76.38%,5 和 9 月次之,4 月和 10 月最少。14—21 时为地闪的高发时段,占总数的 68.13%;地闪强度主要分布在20~40 kA,分别占总数的 60.3%、64.9%,其中正地闪平均强度为 63.57 kA,负地闪平均强度为 35.49 kA。

　　2020 年地闪密度总体值小于 0.39 次/(km² · a)。密度较高区则主要分布在博乐和伊宁市、克拉玛依、乌苏、沙湾、昌吉等一线。南疆和田地区及巴州地区的沙漠戈壁地区的地闪密度值最小。新疆的地闪密度分布呈现出北疆大于南疆,西部大于东部地区的特点。地闪强度大值区主要集中新疆东南部、西南部和东部地区,即沿昆仑山和阿尔金山一线的若羌县、且末县的南部地区及东部伊吾县东部地区。

3.9.1　闪电活动概况

　　新疆闪电实时定位系统(图 1.1)监测资料显示,2020 年共发生地闪 42054 次,负地闪34970 次,占总数的 83.15%。正地闪 7084 次,占总数的 16.85%;主要分布在北疆地区及南疆沿天山一带(图 3.59);夏季(6—8 月)为地闪的高发季节,占地闪发生总数的 76.38%。

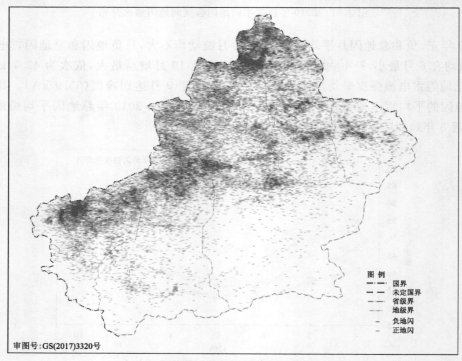

图例
—·—·— 国界
— — — 未定国界
——— 省级界
——— 地级界
——— 负地闪
——— 正地闪

审图号:GS(2017)3320号

图 3.59　2020 年新疆地闪分布

　　2020 年地闪密度大值区主要集中在新疆偏西偏北的阿勒泰、塔城、阿克苏、克孜勒苏柯尔克孜自治州和喀什市等地区,地闪密度总体值小于 0.39 次/(km² · a)。密度较高区则主要分布在博乐和伊宁市、克拉玛依、乌苏、沙湾、昌吉等一线。南疆和田地区及巴州地区的沙漠戈壁地区的地闪密度值最小。新疆的地闪密度分布呈现出北疆大于南疆,西部大于东部地区的特点(图 3.60)。

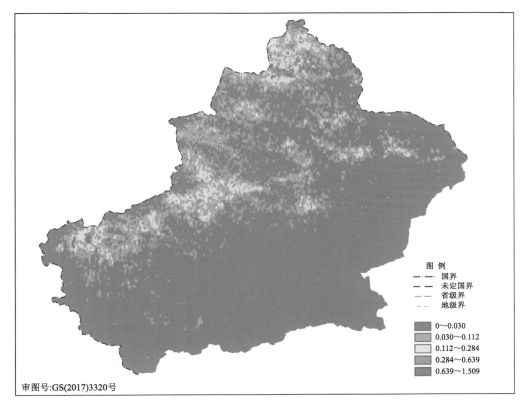

图 3.60　2020 年新疆地闪密度(次/(km² · a))分布图

　　图 3.61 给出了 2020 年新疆地闪频次的月分布特征,可以看出新疆地区地闪频次月分布呈现出单峰型,并且地闪分布主要集中在 6—8 月,其中正地闪、负地闪和总分别为 5297 次、26825 次、32122 次,依次占全年总数的 12.6%、63.8%、76.4%。其中,正、负地闪和总地闪均于 7 月达到峰值(2604 次、12712 次、15316 次),分别占全年总数的 6.2%、30.2%和 36.4%;4 月、10 月发生闪电较少,11 月至次年的 3 月几乎无地闪发生。2020 年 6—10 月总地闪发生次数,均比近 3 年地闪平均次数偏少。

　　图 3.62 给出了新疆地闪日分布情况,2020 年地闪主要发生时段为 14—21 时,在这个时段中正地闪、负地闪及总地闪依次为 4389 次、24263 次和 28652 次,分别占全年总数的 10.4%、57.7%和 68.1%。总地闪和负地闪均于 16 时达到一天中的峰值(3720 次、4344 次);而正地闪在于 17 时达到峰值。由上可知,新疆一般在 14 时以后比较容易出现强对流天气。2020 年总地闪发生次数,除了在 13 时和 15 时外,均比近 3 年地闪平均次数明显减少。

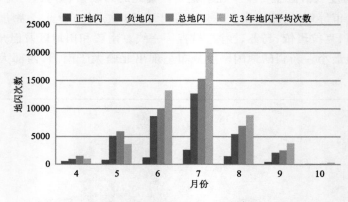

图 3.61　2020 年新疆地闪月分布

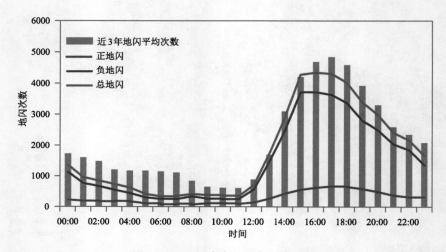

图 3.62　2020 年新疆地闪时间分布

3.9.2　闪电活动强度分布

　　2020 年地闪强度高值区主要集中在山区,沿昆仑山和阿尔金山一线的若羌县、且末县的南部地区及东部伊吾县东部地区。其次则主要集中在南疆的沙漠盆地、和田县、叶城县的南部地区及塔县的西部地区,而沿天山经济带的北部地区、阿克苏地区北部、喀什地区中北部和克州地区则属于地闪强度低值区。

　　2020 年总地闪、负地闪强度主要分布在 20～40 kA,分别占总数的 64.9%、60.3%,且峰值均出现在 30 kA;正地闪强度主要分布在 30～70 kA,占正地闪总数的 62.6%;总地闪强度99% 小于 160 kA。除了小于 10 kA 以下,地闪不同强度间出现的地闪次数明显比近 3 年偏少。新疆地区正地闪平均强度为 63.57 kA,负地闪平均强度为 35.49 kA(图 3.63)。

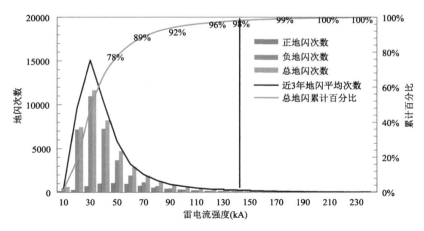

图 3.63　2020 年新疆不同地闪强度间地闪频次分布

第 4 章　雷电灾害实例分析

4.1　乌鲁木齐市某家属院雷击事故分析

　　2015 年 5 月 5 日 16 时 49 分至 17 时 51 分,乌鲁木齐市出现雷暴天气,期间某家属院遭受雷击。89♯住宅楼屋面西北角被雷电击中,另 3♯配电室因雷电导致配电柜起火,火灾烧毁低压配电设备,造成小区用户停电 6 个多小时(图 4.1)。

图 4.1　事故发生地与相关落雷点位置分布图(雷击点是闪电资料定位点 1)

4.1.1　现场调查

　　5 月 6 日,新疆气象局防雷减灾中心组织专家携带专用仪器赶赴现场勘察、取证、分析。经调查,89♯住宅楼屋面遭受直击雷,西北侧屋角被击穿,露出建筑内层材料,顶楼(6 楼)一住户家中电视机顶盒在此次雷击中损坏。另外,距离 89♯住宅楼大约 150 m 处小区 3♯配电室遭受感应雷击,在低压线路前端引发高电压、强电流导致电表集中器起火,火灾烧毁整个断路器柜内设备,包括 4 台电表集中器和一台断路器,直接经济损失达 3 万元。

4.1.2　天气情况

2015 年 5 月 5 日 16 时 49 分至 17 时 51 分,乌鲁木齐市出现了当年首场强对流天气。这场强对流天气以短时局地强降水为主,并伴有电闪雷鸣,高新区还有小冰雹降落。根据乌鲁木齐闪电定位监测数据显示,此阶段乌鲁木齐共发生闪电 18 次,闪电强度有 2 个时段的大值区,分别为 17 时 06 分 28 秒至 17 时 08 分 52 秒和 17 时 27 分 48 秒至 17 时 51 分 09 秒。

这场强对流天气 500 hPa 高空形势场,北疆受中亚至乌拉尔山东部高压脊前偏北气流控制,脊前偏北气流上有短波槽向南移动;700 hPa 乌鲁木齐上空有风速辐合;卫星红外云图 16—17 时乌鲁木齐北部有对流云团发展(图 4.2);乌鲁木齐雷达监测显示,17 时 05 分乌鲁木齐西北方向出现了 40 dBZ 的强回波,雷达回波演变中不断南下,17 时 10 分强度达 45 dBZ,乌鲁木齐出现了强对流天气(图 4.3)。

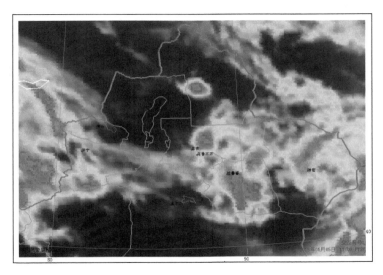

图 4.2　5 月 5 日 17 时红外云图

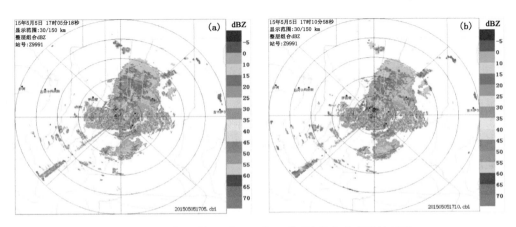

图 4.3　17 时 05 分(a)和 17 时 10 分(b)乌鲁木齐雷达回波

4.1.3　原因分析

5月5日17时前后,乌鲁木齐市出现强对流天气,其电场强度达到空气的击穿强度,89♯住宅楼遭受雷击,幸好雷击发生时楼下无人经过,击落的水泥块没有砸伤路人。3♯配电室受雷电感应影响,电表集中器感应出很高的电压,致使电器元件被击穿起火。

经调查,89♯楼建于1994年,为砖混结构,屋面未安装任何防雷设施,居民室内电源入户前端安装单相电涌保护器,但入户信号、馈线未安装电涌保护器。3♯配电室电气和设备保护接地良好,均小于防雷和电气规范要求的4 Ω。

4.1.4　雷电资料分析

(1)闪电监测分析

根据新疆闪电定位监测系统监测资料显示(图4.4),5月5日乌鲁木齐共出现闪电28次,其中正闪电4次,负闪电24次,闪电强度最大值为73.5 kA,陡度最大值为17.1 kA/μs。其中16时59分(雷电发生前)时闪电强度为18.6 kA,17时06分(雷灾发生时)闪电强度增加到38.9 kA。

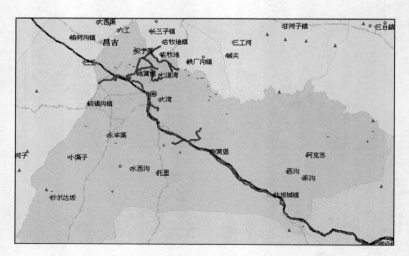

图4.4　5月5日12时13分—18时15分乌鲁木齐地区闪电分布图(十为正闪,一为负闪)

以事故发生地89♯楼(43°53′57″N,87°29′48.9″E)、地调处3♯配电室(43°54′2.1″N,87°29′53.4″E)为中心,半径15 km圆作了雷电事件分析,发现5月5日89♯楼半径15 km范围内共出现闪电6次,均为负闪电,图中蓝色减号为负闪),最大闪电强度值均为38.9 kA,最大闪电陡度值均为−9.8 kA/μs,平均幅值均为24.5 kA,地调处3♯配电室半径15 km范围内发生雷电情况同上(图4.5、表4.1)。

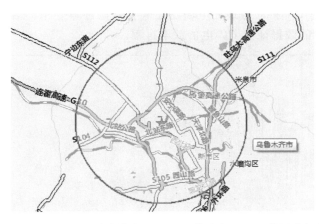

图 4.5　5 月 5 日 12—18 时事故发生地 89♯楼半径 15 km 范围内闪电分布图

表 4.1　5 月 5 日 12—18 时事故发生地 89♯楼半径 15 km 范围内闪电分布表

序号	发生时间	闪电经度(°E)	闪电纬度(°N)	闪电强度(kA)	闪电陡度	闪电电荷	闪电能量	定位方式
1	2015/5/5 16:49	87.4956	43.993	19.7	−3.2	0	0	2
2	2015/5/5 16:57	87.4917	43.9654	20.1	−4.5	0	0	4
3	2015/5/5 16:59	87.3826	43.9073	18.6	−4.8	0	0	2
4	2015/5/5 17:12	87.5456	43.9069	17.4	−6.2	0	0	2
5	2015/5/5 17:06	87.4943	43.9115	38.9	−6.4	0	0	5
6	2015/5/5 17:08	87.4691	43.921	32	−9.8	0	0	4

　　通过现场调查采集到 5 月 5 日 12—18 时,雷击事故发生地位于 89♯楼(43°53′57″N,87°29′48.9″E)、3♯配电室(43°54′2.1″N,87°29′53.4″E),与闪电定位监测记录作对比分析后发现,雷击事故发生地与闪电资料定位点距离见表 4.2。

表 4.2　事故发生地与闪电监测点的对比

地点	日期　　　　时间	位置		闪电强度 (kA)	闪电陡度 (kA/μs)
		经度	纬度		
闪电定位点 1	5 月 5 日 17 时 06 分 29 秒	87.4943°E	43.9115°N	38.9	−6.4
闪电定位点 2	5 月 5 日 17 时 08 分 53 秒	87.4691°E	43.921°N	32	−9.8
地调处 3♯ 配电室	5 月 5 日 17 时左右 (具体不详)	87°29′53.4″ (87.4981°E)	43°54′2.1″ (43.9006°N)		
89♯楼	5 月 5 日 17 时 08 分	87°29′48.9″ (87.4967°E)	43°53′57″ (43.8992°N)		
说明	闪电监测点 1 与事故地时间差 1 分钟 31 秒 闪电监测点 2 与事故地时间差 53 秒	闪电监测点 1 与事故地调处 3♯配电室距离:1.26 km 闪电监测点 1 与事故地 89♯楼距离:1.39 km 闪电监测点 2 与事故地调处 3♯配电室距离:3.26 km 闪电监测点 2 与事故地 89♯楼距离:3.3 km				

(2)大气电场仪资料

图 4.6 为地窝堡机场在雷击发生前 3 分钟的地面电场实况,对地窝堡机场大气电场资料

分析发现,雷电发生前 17 时 04 分地面电场场强值有明显过零变化。结合闪电定位监测的数据(图 4.7),大气电场的数据证实了闪电的放电过程。

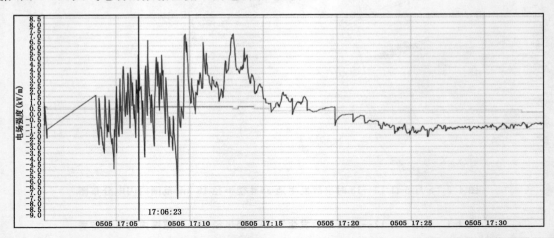

图 4.6   17:00—17:30 地窝堡机场地面电场变化曲线(单位:kV/m),17:06:23 为雷击发生时间

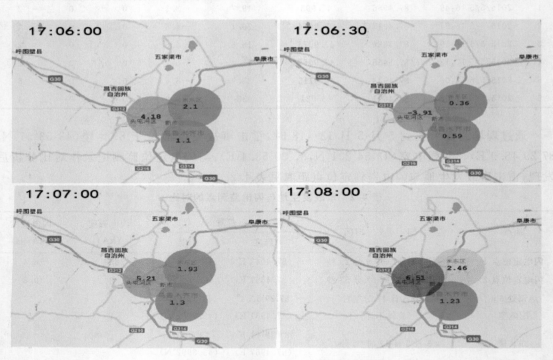

图 4.7   地窝堡机场地面电场(单位:kV/m)

4.2   独山子某石化公司一水源供电线路雷电灾害分析

2013 年 8 月 3 日 19 时 13 分,独山子某石化公司供电线路受雷雨天气影响(图 4.8),突然

同时跳闸,造成供水设备停机。新疆维吾尔自治区防雷减灾办公室组织相关技术人员组成的调查组,于 8 月 13 日到达现场就此次事故原因展开了调查。

图 4.8　事故发生地相关落雷点位置分布图

4.2.1　现场调查情况

据现场值班人员反映,8 月 3 日 19 时左右出现雷雨天气,值班人员听到多次雷鸣声,19 点 13 分一号水源地供水泵突然停止工作,造成独山子部分区域的生产、生活停水,经技术人员检查发现是 35 kV 高压供电 1 号线路的 A 相和 2 号线 B 相同时掉闸所致。

调查组对现场进行了详细的实地勘察,一号水源地供电采用两条高压线路架空供电,1 号线由动力公司提供电力,供电线路总长约 4680 m,共 39 根架空杆,2 号线由电厂提供电力,供电线路总长约 5280 m,共 44 根架空杆。两条高压线进入水源地经过一个落差在 90 多米的陡坡,且坡上为干燥的戈壁地质,坡下为湿润的绿地。第一架空线路中避雷线部分接地点未采用双边接地;第二两条架空线相距在百米之内,最近处相距只有十余米,对供电线路相距较近的三个不同点进行了接地电阻的抽查,第一点接地电阻为 15.5 Ω,第二点接地电阻为 12.5 Ω,第三点接地电阻为 11.98 Ω。

4.2.2　天气情况

8 月 3 日 19 时 FY-2 卫星云图显示(图 4.9a),克拉玛依南部至乌苏的强对流云缓慢东移,克拉玛依市独山子区受此强对流云系影响;8 月 3 日 18 时克拉玛依雷达站监测到,克拉玛依西南方有明显的降水回波,随着天气系统的东移(图 4.9b),18 时 59 分—19 时 27 分克拉玛依西南方及乌苏西部 35 dBZ 至 50 dBZ 强回波,自西向东移动中造成独山子出现了短时局地强对流天气,19 时至 20 时独山子出现了雷暴,1 小时降水量达 16.6 mm(表 4.3)。

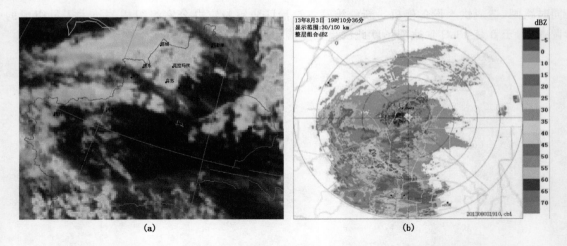

图 4.9　石河子 8 月 3 日 19 时 FY-2 卫星云图(a);19 时 11 分雷达图(b)

表 4.3　2013 年 8 月 3 日独山子周边日降水统计表(单位:mm)

站名 \ 时次	02	08	14	20	日总降水量
克拉玛依		0.0			0.0(微量)
克市五五新镇				15.2	15.2
乌苏	0.0	0.1	0.2	2	2.3
石河子			0.0		0.0(微量)
独山子				16.6	16.6
奎屯					无

4.2.3　原因分析

　　从水厂记录的停电时间和石河子 19 时 11 分雷达图分析,产生雷暴时间和跳闸基本吻合,因此可以断定这次事故是雷暴天气引起的。两条平行供电线路距离太近,同时受到附近雷电产生的强电磁脉冲干扰,引发两条线路同时跳闸概率较大。两条高压线路进入水源地,两杆相距仅十余米,水源地地处河套,是雷电活动高发地区,且地形落差 90 m 以上,增加了遭受雷害的可能。

4.2.4　闪电监测分析

　　根据防雷减灾中心闪电定位监测系统监测显示,8 月 3 日 19—20 时乌苏、奎屯、克拉玛依市有雷电事件发生。我们以事故发生地为中心,半径 30 km 圆作了雷电事件分析(图 4.10),发现克拉玛依市独山子区共出现闪电 9 次(表 4.4),均为正闪电,最大雷电强度为 192.9 kA,出现在 19:50。

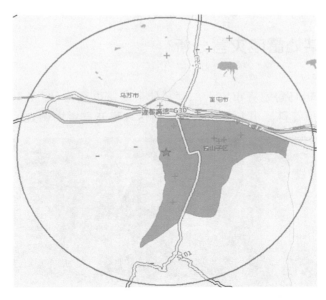

图 4.10　8 月 3 日 19—20 时事故发生地闪电分布图（＋为正闪，－为负闪）

表 4.4　8 月 3 日 19—20 时事故发生地闪电分布

序号	发生时间	闪电经度	闪电纬度	闪电强度(kA)	闪电陡度(kA/μs)
1	19:12	84.9430	44.3434	51.2	6.1
2	19:24	84.8132	44.2179	30.7	5.1
3	19:25	84.8191	44.2696	68.4	9.7
4	19:26	84.8343	44.3869	17.5	1.9
5	19:31	84.8165	44.3711	85.5	13
6	19:41	84.9184	44.3467	88.2	10.8
7	19:42	84.9311	44.3405	38.5	6.6
8	19:46	84.9853	44.3529	61.9	9.9
9	19:50	84.9763	44.3800	192.9	14.7

　　通过现场调查采集到 8 月 3 日 19—20 时，雷击事故发生地位于 44.3198°N、84.7961°E，与闪电定位监测记录作对比分析后发现，雷击事故发生地与闪电落雷点距离相距 11.9 km（表4.5）。

表 4.5　事故发生地与闪电监测点的对比

	日期	时间	位置		闪电强度(kA)	闪电陡度(kA/μs)
			经度	纬度		
闪电监测点	8 月 3 日	19 时 12 分	84.943	44.3434	51.2	6.1
雷击事故地点	8 月 3 日	19 时 13 分	84.7961	44.3198		
说明	时间差 1 min		两点距离:11.9 km			

4.3　农十二师某处雷电灾害分析

2013 年 6 月 24 日,乌鲁木齐市农十二师某处遭受雷电袭击(图 4.11)。7 月 1 日,新疆防雷减灾中心雷电监测预警科派出专业技术人员到达现场开展雷灾调查。

图 4.11　落雷点与事故点位置图

4.3.1　现场调查情况

据反映,2013 年 6 月 24 日 01 时左右出现雷雨天气,校园值班人员听到多次响雷。6 月 25 日经有关人员检查统计,发现雷击造成卫星高频头 1 个、接收机 6 台、网络交换机 7 台、路由器 3 台、电视机 2 台、摄像头 2 个、监控主机 1 台、电动大门主板 1 块等设备损坏,直接损失达数万元。

现场调查发现,外露的卫星天线和监控摄像头未安装防直击雷装置,机房信号设备及电源均未安装电源避雷器,卫星馈线和有线电视线缆未安装天馈避雷器,电动大门设备和监控摄像头的供电线路未穿金属管并接地。

4.3.2　事故原因分析

现场损坏的设备没有明显的烧伤痕迹,调查组认为这是因为雷电感应造成了设备损坏。

1)卫星高频头、卫星接收机、有线电视的损坏未见直击雷落雷痕迹,雷击点距卫星天线较近,线路上感应出较强电动势,超出了设备本身的耐压水平,导致设备损坏。

2)网络交换机、路由器的损坏是由于这些设备连接了多条各方向的网络线路,其中任意一条线路感应较强电动势时,在未安装信号避雷器的条件下,都会造成网络设备损坏。

3）摄像头、电动大门设备的损坏原因是这些设备上都连接有长而裸露在外的供电和通信线路，线路未做屏蔽接地，在线路上感应了较强电动势损坏了设备。

4.3.3　闪电监测情况

根据防雷减灾中心闪电定位监测系统监测到 6 月 23 日 20 时 04 分—24 日 02 时 22 分，乌鲁木齐地区共出现闪电 115 次，其中正闪电 25 次，负闪电 90 次（图 4.12，图 4.13）。此时段内乌鲁木齐大气电场系统发出多次雷电预警。

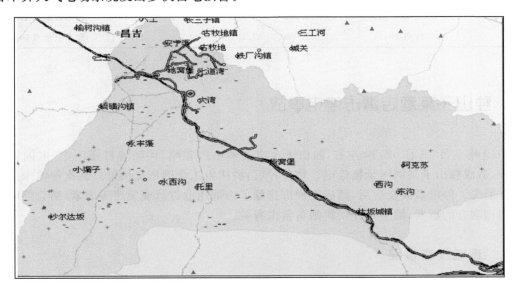

图 4.12　6 月 23 日 20 时 04 分—24 日 02 时 22 分乌鲁木齐地区闪电分布图（＋为正闪，－为负闪）

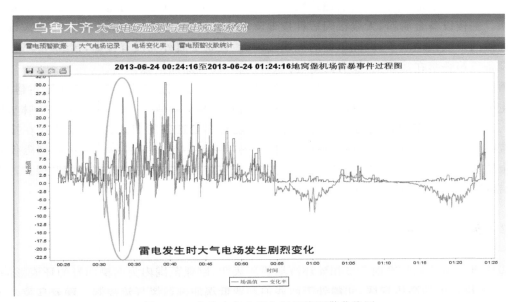

图 4.13　乌鲁木齐大气电场系统预警曲线图

现场采集发生雷击事故地点为：43.906°E，87.535°N，与6月24日闪电定位系统监测记录的闪电对比发现，距离事故地点600 m和900 m位置均有超过-25 kA的地闪活动出现，参见表4.6。

表4.6　落雷点与事故点的对比表

| 时间 | 位置 | | 闪电强度 | 闪电陡度 | 说明 |
	经度（°E）	纬度（°N）	（kA）	（kA/μs）	
雷击事故地点　6月24日01时左右	43.906	87.535			学校的位置，两个落雷点在学校的左侧
闪电监测　　　6月24日00：33	43.906	87.528	-41.9	-13.1	距事故地点600 m
6月24日00：34	43.909	87.531	-26.5	-6.1	距事故地点900 m

4.4　独山子某酒店雷击停电事故

2019年7月18日02：50左右，独山子上空突然电闪雷鸣，伴随着打雷闪电，电闪雷鸣数十秒钟，造成独山子某酒店全楼停电。数分钟后，酒店电工合闸恢复供电。此次停电未造成任何经济损失。停电事故发生后，酒店工程部排除了内部用电过载或短路等因素，结合停电与打雷时间相吻合的事实，酒店方怀疑跳闸与雷击有关。

4.4.1　现场勘查情况

独山子区地形呈斜条状，南北长，东西窄，西北高，东南低，绝大部分地区为戈壁滩。酒店地处独山子城区中部，市区内高层建筑较少。酒店主楼六层，配楼和主楼同层高度，中间有连廊相通。主楼设备金属箱、天线接闪短针接地就近接在接闪带，线缆绑扎在接闪带上敷设。配楼因无接闪带或接地端子，因此该处的天线接闪针、设备金属外壳没有接地，接线柱空置未接。部分设备机箱叠落在地面上，没有防雨、防积雪措施，没有加固措施。

酒店大楼属于人员密集场所，根据当地统计的雷暴日核定数该酒店属于三类防雷建筑物。酒店主楼水箱间上安装有钢结构造型兼接闪装置，女儿墙上安装接闪带，钢结构广告牌与接闪带电气相连。LED灯带沿接闪带绑扎敷设，同时还有移动通信的馈线、电源线帮扎在接闪带上。接闪带、接闪针常年无人维护，锈迹斑斑，接闪带断裂或与支架脱焊。现场用剩磁仪测量天面金属物体，剩磁均小于0.5 mT。酒店配楼无任何防直击雷措施。根据接闪针保护范围计算，主楼的接闪针保护范围无法覆盖配楼。

4.4.2　天气过程分析

2019年7月18日08时500 hPa环流形势图表明，欧亚范围内为两槽两脊的环流形势（图4.14）。乌拉尔山为高压脊区，北疆处于西西伯利亚低涡底部西风气流控制。随着乌拉尔山高压脊不断发展，西西伯利亚低涡逐渐向南移动，低涡底部锋区加强。如图4.14所示，克拉玛依处于低涡底部西风气流控制,受该系统的影响,造成了此次强雷电天气。

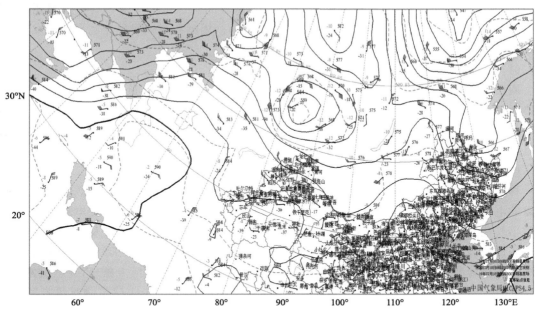

图 4.14　2019 年 7 月 18 日 08 时 500 hPa 环流形势图

由图 4.15 可以看出,雷达监测到 7 月 18 日 02 时 51 分和 02 时 57 分克拉玛依市独山子区出现了 50 dBZ 以上的回波,根据以往经验预报,出现 50 dBZ 以上的雷达回波,出现闪电的可能性较大。

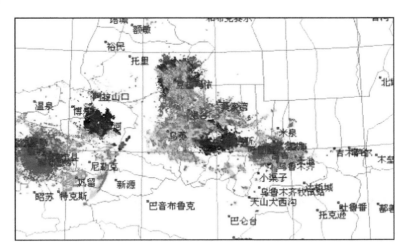

图 4.15　2019 年 7 月 18 日 02 时 51 分独山子区雷达拼图

4.4.3　事故原因分析

根据酒店工作人员的反映,停电时间发生在 7 月 18 日 02:50 左右。通过调取天气资料分析,确认事发时正处于强雷暴天气过程中;这次强雷暴天气过程中独山子区总共发生过 2 次地闪,且都在城区边缘,距离酒店分别是 4 km 和 8 km 左右。通过屋面金属剩磁数据证明大楼没有遭受雷击。另据工作人员反映,酒店发生停电同时,周围有多处居民住宅小区也发生停电现象。

(1)酒店配电设备

酒店总断路器跳闸停电数分钟后人工合闸成功。事后经相关人员检查并没有发现过载、短路现象。断路器型号为 DW15-1000,具有过载、欠电压、短路保护功能。由于在雷暴天气过程中,独山子区发生多个住宅小区停电,分析其原因是室外电力线路因闪电过电压保护造成线路电压暂降,从而使酒店断路器欠电压保护跳闸。

(2)移动通信设备

移动通信机房电源安装有多级闪电电涌防护措施,参数符合要求,能够有效防止来自供电线路的电涌冲击。室外设备的安装和线缆的布放存在安全隐患。室外电源配电箱和设备机箱安装不规范,缺乏必要的防护,存在安全隐患,易造成机房电源跳闸停电或人身伤亡事故。配楼天线设备因无接地装置,该设备接闪针和机箱接地线悬空未接。当该天线遭雷击时,雷电流无法通过接地装置泄放入地,会沿着线缆进入机房,对机房设备造成巨大破坏,甚至引发火灾。室外通信设备的部分线缆绑扎在建筑物的接闪带上。如果有闪电击中建筑物避雷带时,雷电流在泄放过程中会使线缆产生感应过电压,同样会造成设备损坏。通过现场剩磁测试并结合闪电数据分析,该建筑物当时没有遭受雷击。虽然通信设备的安装和布线存在安全隐患,但通过雷电的致灾机理分析此次跳闸事故与通信设备无关。

4.4.4　闪电监测情况

根据 ADTD 闪电定位监测数据(表 4.7)显示,7 月 18 日 00—06 时,克拉玛依市独山子区附近共发生地闪 2 次。其中正闪 1 次,负闪 1 次。

表 4.7　2019 年 7 月 18 日 00—06 时独山子区 ADTD 闪电定位监测数据

纬度(°N)	经度(°E)	强度(kA)	陡度(kA/μs)	定位方法	时间
44.327	84.981	70	6.4	二站混合	2019-07-18 02:43:53
44.36	84.858	−59.5	−9.5	四站算法	2019-07-18 02:58:01

4.5　博乐市南城区某线路雷击跳闸雷电灾害事故分析

2019 年 7 月 20 日 21 时 40 分左右,博乐市南城区 110 kV 滨河变电站内某线路开关跳闸,影响普通用户 800 余户,未造成人员伤亡。

4.5.1　现场勘查情况

如图 4.16 所示,红色标识为受雷灾影响线路所在区域,线路南北走向,西侧是开阔戈壁滩,附近有五一水库、人民公园水上乐园、七一水库、南湖公园等水域,另有数条高压线横跨该段线路,周围无高大建筑物。

图 4.16　红色圈为事发地理位置

　　根据电力公司相关人员描述,受影响线路 88♯分支杆接南湖公园户外箱式变电站入户电缆采用埋地铺设,分支杆安装有线路避雷器。测量分支杆避雷器、断路器外壳、电缆金属护套接地点电阻值为 3.0 Ω,测量接地引下线扁钢的剩磁为 3.0 mT。分支杆附近有数条高压线跨越。事发后经检查,该处电力设备均完好。

　　南湖公园户外箱式变电站在 88♯分支杆以东约 1.1 km 处。现场有两座箱式变电站,公用地网。引下线和水平接地连接点焊接处未做防腐,接地体外露部分有生锈痕迹。测量公用地网接地电阻值为 10.0 Ω。测量接地引下线扁钢的剩磁为 1.4 mT。电力设施外观查看无雷击痕迹。经现场勘查,现场一箱式变电站出线柜高压避雷器受损,其中一个避雷器的复合绝缘层被内部产生的电弧烧穿,其余避雷器外观均完好。作为雷击灾害调查物证,调查组将更换的三个避雷器取证带回(图 4.17)。

图 4.17　(a)南湖公园户外箱式变电站公用地网接地引下线扁钢剩磁,(b)受损避雷器

110#分支杆接众合伟业房产户外箱式变电站入户电缆采用埋地铺设,分支杆安装有线路避雷器。分支杆避雷器、断路器外壳、电缆金属护套接地点电阻值为 3.0 Ω,测量接地引下线扁钢的剩磁为 4.7 mT。分支杆北面 1000 m 左右是五一水库,附近有高压线跨越。事发后经检查,该处电力设备均完好。众合伟业房产户外箱式变电站在分支杆以东数百米处。经现场检查电力设施外观无雷击痕迹。地面遗留着受损的电缆头和避雷器(图 4.18)。受损电缆头为 10 kV 绝缘电缆线,因金属热熔造成绝缘破坏。三个避雷器其中一个已经炸裂为两段,绝缘层部分碳化并外翻;另外两个虽没有破裂,但是金属接线柱有严重烧蚀熔化痕迹。该变电站重新制作电缆头和更换避雷器及其附属配件后通过高压测试已重新投入使用。

图 4.18　某房产箱式变电站受损元件

专家组对南湖公园取回的三个避雷器进行进一步检查,发现该避雷器型号为 HY5WS-17/45 复合绝缘避雷器。依照避雷器铭牌标识判断其参数符合要求。将其中绝缘层烧穿的避雷器拆解。避雷器硅橡胶同绝缘管之间不用太大人力就可以分离,绝缘管两端采用的是与硅橡胶同色、类似防火泥的物质封堵,去除后将端盖旋开,直接倒出内部的元件,元器件有 1 个弹簧、11 片生锈的铁片、5 块不规则厚薄不一且表面没有导电涂层的块状物体。绝缘层被电弧烧穿的地方就是各物块接触面的位置。

拆解另外两个避雷器,见图 4.19。去除一端封堵材料,旋开端盖即可倒出内部元件。其中一个避雷器内部有 1 个弹簧、13 片生锈的铁片、6 块形状不规则厚薄不一且表面没有导电涂层的块状物体;另一个避雷器内部则有 1 个弹簧、2 片生锈的铁片、6 块形状不规则厚薄不一且表面没有导电涂层的块状物体,并且两个弹簧大小不一致。

通过拆解检查,这三个取证带回的避雷器同时存在以下几个问题。

(1)复合外套质量问题

不用太大人力就可以轻松地将复合外套的硅橡胶与芯体套管分离并撕裂扯断,说明复合外套的撕裂强度较差,这样的外套易老化、易粉化,不能满足电网运行要求。

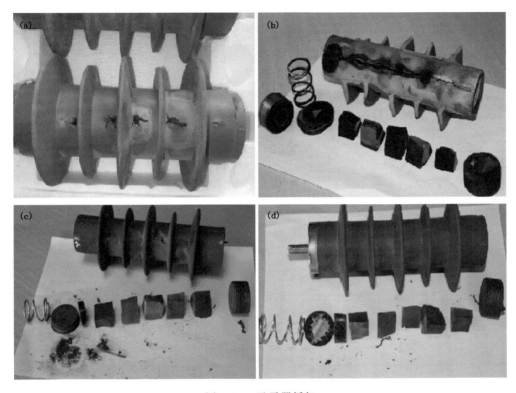

图 4.19　避雷器拆解

（2）生产工艺问题

复合外套应该与芯体粘合，不应存在空气间隙。被拆避雷器将端盖打开后可以直接倒出内部器件，芯体与套管空隙大，各元件间接触面大小不一；内部金属材料锈迹斑斑，说明这些避雷器的生产工艺存在问题。

（3）阀片质量问题

合格的金属氧化锌避雷器电阻片（阀片）应该是外形规则的柱状物体，接触面由导电涂层煅烧制成，电阻片与金具直接紧密接触。而物证套筒内的是不同数量、形状大小不同的物块，采用数量不一的铁片和大小不同的弹簧填入达到能够与金具接触的目的。

三个同型号的避雷器内部结组件、工艺均不相同，密封性、机械元件、电气元件均不符合 GB 11032—2010《交流无间隙金属氧化物避雷器》相关要求。这样的避雷器安装在线路中，当瞬态波电压幅值高于标称值时，一种情况是避雷器不动作，瞬态过电压会造成被保护设备损毁；另一种情况是耐压、通流量不达标，造成本体击穿、爆炸，往往会导致电路起火、设备烧毁或线路跳闸等事故发生。

4.5.2　天气分析

自 7 月 15—20 日，博乐及以东地区出现 35℃ 及以上的高温天气，局部地区最高气温达到 40℃。因此由于气温偏高，午后至傍晚局地易发生短时强降水、雷电、冰雹等强对流天气。

　　根据图 4.20 中 $T\text{-}\ln p$ 图分析,在 7 月 20 日 20—23 时,博尔塔拉蒙古自治州(简称"博州")地区的 CAPE 值由 589.5 J/kg 增加到 1526.8 J/kg,沙氏指数 −1.44 减小到 −1.58,探空资料显示,23 时博州上空不稳定能量增大。K 指数既表示垂直温度梯度,又表示低层水汽,还间接表示了湿层厚度,一般 K 指数越大表示层结越不稳定。博州地区 K 指数的经验指标为 ⩾33 ℃ 左右,沙氏指数的经验指标为 ⩽0,就有利于对流天气的发生。7 月 20 日 20 时 K 指数与沙氏指数均达到经验指标,有利于博州地区产生强对流性天气。

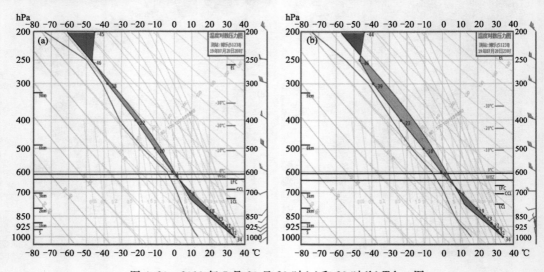

图 4.20　2019 年 7 月 20 日 20 时(a)和 23 时(b)$T\text{-}\ln p$ 图

4.5.3　事故分析

　　(1)事发线路地处水域附近且周围地势平坦开阔,属雷电易发地带。

　　(2)7 月 20 日傍晚,因强对流天气引发雷电现象。目击证人描述:事发时,该区域电闪雷鸣,其中一声巨响后,部分电网停电。雷灾调查期间,测量 88♯杆、110♯杆避雷器接地点金属扁钢的剩磁分别是 3.0 mT、4.7 mT,说明这两处的避雷器曾经动作有大电流通过。综合天气资料、闪电情况、目击证人描述分析:电网停电的起因是闪电造成的。

　　(3)根据电力公司人员描述:事发后,电力公司组织人员巡线排查故障,未发现线路有雷击痕迹。据此判断 88♯杆、110♯杆避雷器动作是因线路附近雷击大地产生的闪电感应过电压引起的。在高压线路上因闪电感应形成的突波沿线路传导,经 88♯杆、110♯杆时线路避雷器正常工作。这两处的接地电阻值均远小于 GB 50065—2011《交流电气装置的接地设计规范》要求。

　　事后相关部门对 88♯、110♯ 分支至户外箱式变电站的埋地电缆进行绝缘耐压测试,各指标正常,说明包括线路避雷器、接地装置组成的过电压保护系统起到了有效的防护作用。闪电感应电流经线路避雷器、引下线、地网进入大地,在削弱了过电压幅值并释放了大部分感应电流后,仍有数十千伏的瞬态波继续沿地埋电缆向后级传导。削弱后的瞬态波电压幅值小于 10 kV 埋地电缆的瞬态耐压值,电缆没有被击穿。

为了进一步阻止瞬态波对后级高压设备的冲击,在户外箱式变电站安装有配电型避雷器,通过分级泄流,逐级限压,使电压幅值下降并低于设备耐冲击电压额定值,达到保护箱变内电力设备的目的。然而,由于该避雷器存在严重的质量问题,造成本体击穿,产生 2000 多安培的工频短路电流(故障记录仪显示)将部分金具烧融损坏,并导致线路 39 号杆 2 号开关过流跳闸。

4.6　新疆油田某公司天然气处理站工业污水排气筒雷击起火雷电灾害事故分析

2017 年 9 月 8 日凌晨,中油田新疆油田某公司天然气处理站工业污水排气筒雷击起火。企业认为事故的起因可能是由于雷击导致的,于当日上报克拉玛依市气象局。克拉玛依市气象局随后邀请自治区气象灾害防御技术中心组织专家组进行雷电灾害调查鉴定,对事故起因展开调查、取证工作。

4.6.1　现场勘查情况

第一次现场踏勘,用接地电阻检测仪检测事故点及周围的铁管防护栏,发现没有安装接地装置。剩磁仪检测周围铁管防护栏的剩磁,最大值为 2.07 mT(图 4.21),根据《雷电灾害调查技术规范》对于铁管和钢筋的剩磁≥1.5 mT 时,可作为雷击判定依据。

图 4.21　剩磁测量

根据事故现场的监控资料(按时间顺序排列),雷电击中距离事故点十几米处的树林旁边,事故点(工业污水 1 号排气筒)以及周围的铁管防护栏有多处出现火花放电的痕迹,放电过程之后铁管防护栏火花放电现象消失,而工业污水 1 号排气筒由于排出的有可燃性气体,开始逐渐燃烧起来,随着火势逐渐变大再加上风力的作用,导致工业污水 2 号排气筒开始燃烧起来。

依据对影像资料(图 4.22)的分析进行二次现场踏勘,因企业怀疑是附近一颗较高树木引雷导致发生意外,为了排除隐患,于 9 月 8 日发生雷击事故当日就将大树移除,现场土壤被翻动,已经找不见雷击点痕迹,只能根据影像资料判断雷击点大概距离钢管围栏十几米处。经灾后调查及现场勘验,此次雷击事故因发现处理及时,大火被很快扑灭,未造成严重的经济损失。

图 4.22　事故现场影像资料

4.6.2　天气过程分析

2017 年 9 月 7 日 20 时 500 hPa 环流形势图(图 4.23)表明,欧亚范围内为两槽两脊的环流形势。乌拉尔山至咸海为高压脊区控制,北疆处于西西伯利亚低涡底部西风气流控制,上游位于乌拉尔山的脊不断发展,使得西西伯利亚低涡南压,锋区加强。克拉玛依处于低涡底部的西风气流控制下。

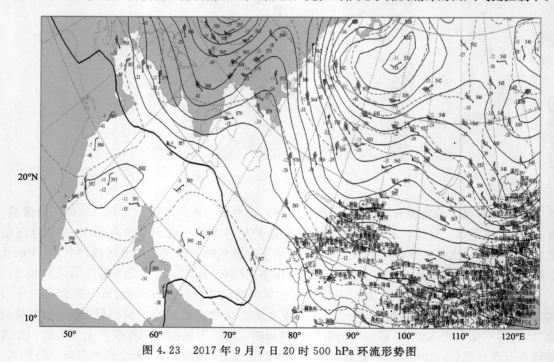

图 4.23　2017 年 9 月 7 日 20 时 500 hPa 环流形势图

分析 FY-2 红外卫星云图(图 4.24)发现,此次过程是由北疆塔城地区至克拉玛依一带的对流云团造成的。8 日 07 时对流云团已缓慢南移至克拉玛依,整个克拉玛依市区被对流云团所覆盖,受其影响克拉玛依出现强对流雷暴天气。此外,克拉玛依雷达监测到 07 时 51 分克拉玛依市中部出现了 40～60 dBZ 的强回波,出现强对流天气过程,与雷灾出现地点相吻合。

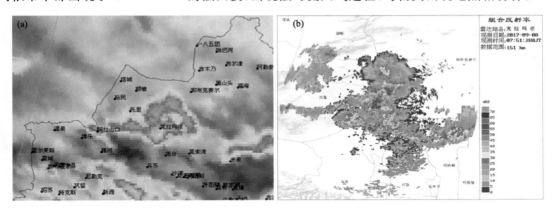

图 4.24　2017 年 9 月 8 日 07 时 FY-2 红外卫星云图(a)和 07 时 51 分克拉玛依雷达回波图(b)

4.6.3　事故原因分析

事故点位于新疆维吾尔自治区克拉玛依市白碱滩区中兴路街道北盛社区东南方向,周围比较空旷,地势相对较平坦,周围无高大建筑物,类属戈壁滩。厂区中安装有避雷塔针以及一些相对比较高的钢架结构。事故点位于厂区的西南方向,处于雷暴云移动的路径上(图 4.25),闪电击中在距离事故点十几米处的小树林中。综合分析,厂区在该区域较凸出,属于雷击事故易发区。

图 4.25　事故发生点位置和雷暴云移动方向

根据调查数据及影像资料分析,当雷云在事故点上方聚集时,地表突出物体顶部积聚了大量的正电荷。由图 4.26 可见,工业污水 1 号排气筒在事故点处属较高物体,其顶部电场较强。当闪电放电时,雷云电荷迅速被中和,聚集在 1 号排气筒顶端口的电荷变成自由电荷泄放,因排气筒没有接地,造成瞬时地电位抬升,引起地电位反击,通过管口对空放电,产生的电火花引燃排放气体。随即因大风致使工业污水 2 号排气筒口相继燃烧。此外,通过影像资料分析出另有安全隐患存在。由于围栏是多片插接而成,没有形成连续电气连接,同时没有接地,当闪电放电时,因距离事故点较近,闪电电磁感应使围栏连接处产生非常高的感应电动势,导致多处发生打火现象,容易引发类似的安全事故。

图 4.26　1 号排气筒管口对空放电(a)和钢管围栏间隙放电(b)

4.6.4　闪电监测分析

　　根据闪电定位系统(ADTD)监测资料(图 4.27)显示,2017 年 9 月 8 日从 00 时 05 分 48 秒到 08 时 55 分 33 秒克拉玛依市共发生闪电 54 次,其中在 07 时 55 分 48 秒出现了一次放电强度为 85.5 kA 的闪电,说明此次对流过程比较强。根据事故点的经纬度和事故发生的大概时间,查找出了导致此次事故的闪电为负极性闪电,电流强度为 37.3 kA,电流陡度 8.8 kA/μs,并且同时有 4 个探测站监测到了此次闪电过程,采用四站算法定位,探测精度较高。

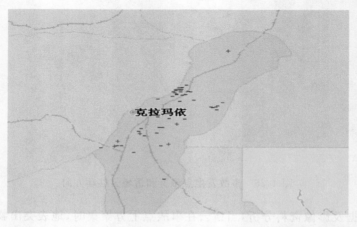

图 4.27　9 月 8 日 00:05:48—08:55:33 克拉玛依市的闪电分布图

4.7　新疆油田某公司作业区工作设备遭雷击损坏事故

　　2017 年 8 月 1 日 15 时 18 分左右,新疆油田某公司作业区工作人员听到剧烈的响声,随后两条 10 kV 高压线突然停电,部分油井、计量站采集数据通信中断。企业认为事故的起因可能是由于雷击导致的,于是上报克拉玛依市气象局。受克拉玛依市气象局委托,中心雷电灾害调查组前往作业区事故现场进行勘验。

　　此次灾害事故导致作业区的 1♯、4♯10 kV 高压线路跳闸,部分自动化单井、计量站配件及仪表损坏,主要集中在 7♯、8♯站以东的井站,造成自动化现场采集数据功能异常,远程监控、计量等工作无法正常运行。共导致 56 口油井、11 座计量站、33 口水井的自动化设施受到不同程度损坏,造成直接经济损失约 53 万元。

　　企业通过更换设备、从停用的设施上拆配件更换,经过三周多时间,现场大部分故障设施才恢复正常工作状态,由于灾害事故破坏太大,企业没有更多库存,目前还有 9 块仪表待更换,此次灾害事故给企业造成了巨大经济损失。

4.7.1　现场勘查情况

　　事故地点位于阜康市北部,处于沙漠腹地。厂区周围分布着 600 多台油井,油井之间架设的高压线路,周围无其他较凸出的建筑物。依照闪电定位资料的显示,落雷区域处在油井作业区内较为空旷地带,四周方圆几公里范围内分布着 4 条 10 kV 架空高压线和 600 多口油井及计量站。事故导致的故障点较多,且故障现象基本一致,另外由于采油区安全作业要求,不能一一到位检查。在中控室的有关人员带领下,抽样对 1052♯油井、37♯计量站进行现场勘察。

　　(1)油井作业区

　　在 1052♯油井作业区,根据现场工作人员的介绍,了解现场油井包括供电、控制、采集等系统工作原理及事故造成损失的情况。现场油井作业区采用 10 kV/0.4 kV 变压供电。低压接地形式为 TT 方式,即变压器电源中性线和电气设备外露可导电部分单独接地。电台、中控板及各采集器连接的输入、输出接口固定在电台天线杆上,天线杆上方安装接闪杆。

　　现场测量变压器中性点工频接地电阻值为 1.4 Ω,中控箱的接地电阻值为 7.9 Ω,此外抽油机接地电阻值为 3.2 Ω,位置开关传感器穿线管接地电阻值为 82 Ω。

　　作业区总电源配电箱,除了安装有断路开关外,没有安装电涌保护器;中控设备供电配电箱引入端没有安装电涌保护器。

　　(2)计量站

　　37♯计量站总配电箱安装在室外电杆上。总电源配电箱和室内配电箱都仅安装了控制开关,均没有安装电涌保护器。此外,计量站中控采集板、电源模块、数传电台等和流量计均有受损。

　　图 4.28 为维修站提供的因高电压损毁的电路板照片。左上图为信号采集板,红圈内的 TVS 管均被击穿;右上图为抽油机信号采集板,该电路板右侧红圈内电路已经碳化;左下图为中控机液晶显示电路板,红圈内为液晶板加热电源插座对金属机壳放电引起的烧灼痕迹。

图4.28　损毁的电路板

4.7.2　天气过程分析

2017年8月1日08时500 hPa高空环流形势图(图4.29)表明,欧亚范围内为两槽一脊的环流形势。乌拉尔山至咸海为高压脊区控制,北疆处于巴尔喀什湖东部低涡底部西风气流控制,上游位于乌拉尔山的脊不断发展,使得西西伯利亚低涡南压,锋区加强。油田作业区处于低涡底部的西风气流控制下。

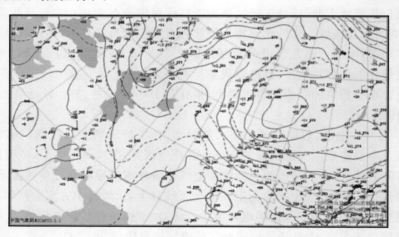

图4.29　2017年8月1日08时500 hPa天气形势图

2017年8月1日15时15分乌鲁木齐雷达站监测阜康市北部出现了局部的强对流天气过程,雷达组合反射率在40dBZ以上(图4.30),且该对流区域与灾害事故发生的地点相吻合。

4.7.3　事故分析

经过大量的气象资料和现场勘察、检测、取证分析,新疆油田某公司作业区于2017年8月1日15时18分因雷电引发安全生产事故的原因为:油井作业区雷电防护措施不到位,由雷电造成的过电压和地电位反击导致大量弱电设备损坏。

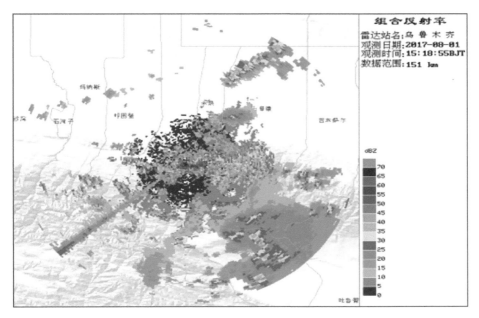

图 4.30　2017 年 8 月 1 日 15 时 15 分乌鲁木齐站雷达组合反射率图

(1)雷电流引起设备损坏

当雷击发生在设施上或附近时,在电力架空线路上形成的雷电波沿着高压线路传输。经变压器耦合,在低压端产生感应过电压。该电压远高于设备的绝缘耐冲击电压值。由于低压供电线路上未安装电涌保护器,导致过电压将设备电源及其他电路板损坏。同时,闪电感应在架空信号线上形成脉冲过电压造成传感器、变送器或采集板接口等弱电系统损坏。由于变压器低压端未安装电涌保护器,也会存在因雷电流致使变压器损毁的隐患。高压线路上的过电压通过高压侧避雷器泄放雷电流时,因中性点地电位抬升导致变压器低压绕阻电压升高,通过电磁感应将压降以变比升高至高压端,产生的反变换过压击穿变压器高压绕阻绝缘。

(2)地电位反击引起设备损坏

因雷电流泄流形成的地电位反击也是导致此次事故原因之一。以 1052♯ 油井作业区为例:经勘察,变电设备、中控设备、采油设备一字排列,接地各自独立,工频接地电阻值分别为 $1.4\ \Omega$、$7.9\ \Omega$、$3.2\ \Omega$,设备相距分别为 $18\ m$ 和 $4\ m$(地下地网位置不详)。此外,抽油机开关传感器穿线管接地电阻值为 $82\ \Omega$。该站 $10\ kV/0.4\ kV$ 变压器高压侧的阀式避雷器因雷电被烧毁。事发时,因距离中控设备和采油设备较近,雷电流通过变压器中性接地点泄流,由于与设备各接地点接地电阻相差较大,设备与进入设备的电源线间产生很大的电位差,超过设备的绝缘耐冲击电压,造成设备损坏。上述产生的地电位差也有可能与线路过电压叠加引发事故。作业区的天线杆、抽油机属于突出物体,遭受雷击的可能性很大,一旦遭受直击雷,将会引发更大的事故。

4.7.4　闪电监测分析

根据闪电定位系统(ADTD)监测资料显示(图 4.31),2017 年 8 月 1 日阜康市共发生地闪电 4 次,且都为正极性闪电,虽然地闪电放电过程不多,但这 4 次正极性闪电的平均强度为 158.0 kA,雷暴云电荷结构为上部为负电荷区,下部为正电荷区。根据事故点的经纬度和事故发生的大概时间,查找出了导致此次事故的闪电为正极性闪电,发生时间为 15 时 18 分 15 秒,其放电强度为 331.1 kA,电流陡度 22.3 kA/μs,并且同时有 4 个探测站监测到了此次闪电过程。采用四站算法定位,探测精度较高。

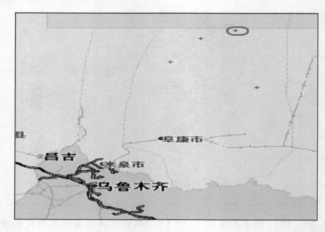

图 4.31　2017 年 8 月 1 日阜康市北部的闪电分布图,红圈内即导致雷灾事故的闪电

4.8　新疆油田某消防支队通信指挥室设备遭雷击损坏事故

　　2018 年 7 月 14 日 17 时 30 分左右,蓝色闪电击中新疆油田某消防支队办公大楼,导致电话班的两部接警电话无声,两台电脑黑屏,办公楼三楼所有工作电脑不能正常上网。该单位相关人员通过现象判断此次事故是因雷击造成的,立即启动应急预案,组织人员抢修自救,119 指挥中心指导更换备用设备,于当日 20 时 00 分恢复了指挥室的正常工作;22 时 10 分三楼办公电脑上网恢复正常。据统计,由于雷击造成两部接警电话损坏,两台电脑主机损坏,办公网中断(后自行恢复),直接经济损失 1.2 万元。

4.8.1　现场勘查情况

　　事故地点位于准噶尔盆地西北缘,乌尔禾西南 30 km 处的百口泉镇。小镇坐落在四周地势较为平坦的戈壁滩上。雷击造成设备损坏的建筑物是经过抗震加固的老旧四层砖混结构办公楼,电话班用房位于建筑物内一楼中部出入口旁。雷电发生时,该房内的两部电话、两台电脑主机损坏。由于当事人休息,通过询问其他知情人,了解到事发时电话班值班员正在接电话,17 时 30 分左右,突然感到头部上方有电弧一闪,同时电话听筒传来巨大噪声引发耳鸣。随后发现四个显示器中有两个黑屏;后经检查发现两部电缆线路的接警电话无声,办公楼三楼所有工作电脑不能上网。根据现场人员描述,对相关室内及设备、布线、引入通信线路、电力供电、防雷装置进行检查,同时调取查看了部分时段的多处监控资料(图 4.32)。

　　经检查,电话班室内金属操作台没有接地,损坏的两部电话机线路为室外架空电缆引入,引入端没有防闪电电涌侵入措施,电话线和受损电脑显示器信号线帮扎在一起;未受损电话的线路均由光纤 modem 引出,且引出电话线未和其他线路绑扎。网络交换机安放在办公楼第三层西端办公室的机柜内,柜内有从新疆油田某公司接入的光纤收发器、网络交换机等设备,机柜没有接地。事发当日网络中断,多次断电重启后也没有恢复,加电数小时后自行恢复。

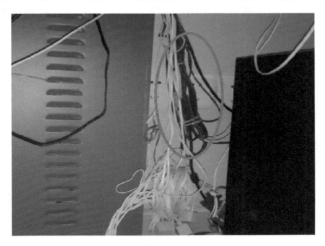

图 4.32　通信线路

　　如图 4.33 所示,四楼屋面上原有一座 6 m 高通信铁塔,因该通信系统废除后即改为接闪塔,避雷针引下线用电缆与地网引上扁铁螺栓连接。电缆线截面积、布放工艺均不符合要求,连接处锈蚀严重。用剩磁仪测量屋面金属物体,剩磁均小于 0.5 mT。依据二类防雷建筑物直击雷防护要求,该接闪针保护范围不能有效覆盖整座建筑物。办公楼供电采用 TN-C-S 形式,由室外箱变经地埋电缆接入建筑物北侧外墙的总配电箱内,然后入户接入各分配电箱,配电箱内均没有防闪电电涌侵入措施。测量建筑物接地装置接地电阻值<4 Ω。

图 4.33　接闪塔与避雷针引下线

4.8.2 天气过程分析

2018 年 7 月 14 日 08 时 500 hPa 高空环流形势图（图 4.34）表明，欧亚范围内为两槽两脊的环流形势。北疆处于咸海至巴尔喀什湖北部的低涡底部西风气流控制，上游位于乌拉尔山的高压不断发展，使得位于巴尔喀什湖的低压南压，锋区加强。克拉玛依处于低涡底部的西风气流控制下。

图 4.34　2018 年 7 月 14 日 08 时 500 hPa 高空图

由图 4.35 可以看出，克拉玛依雷达监测到 7 月 14 日 17 时 24 分和 17 时 29 分，克拉玛依市北部出现了 50 dBZ 以上的强回波，与出现雷灾地点相吻合。

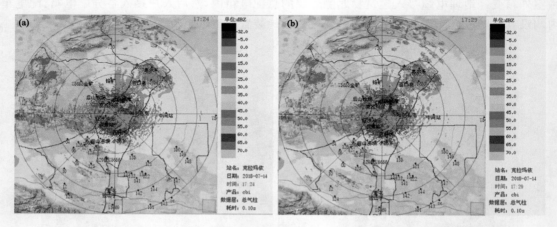

图 4.35　2018 年 7 月 14 日 17 时 24 分(a)和 29 分(b)克拉玛依雷达回波图

CAPE 的变化反映了暴雨天气过程的演变，位势不稳定能量的释放是暴雨发生的机制之一。7 月 14 日 08—14 时，CAPE 值由 6.3 J/kg 增至 496.2 J/kg，对流层低层有明显的对流不稳定能量（图 4.36）。此外配合 08 时底层明显的逆温层，有利于对流运动的发展。

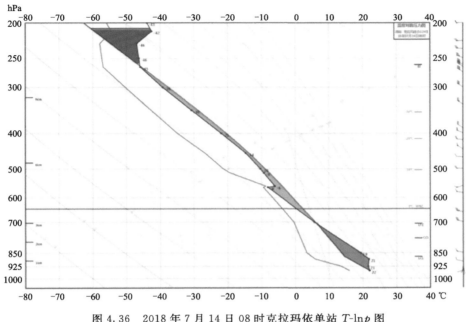

图 4.36　2018 年 7 月 14 日 08 时克拉玛依单站 T-$\ln p$ 图

4.8.3　事故分析

（1）雷击点判断

综合当事人描述的电弧现象、设备损坏程度、屋面金属剩磁数据、多方位监控视屏资料、闪电定位监测数据分析得出：雷电没有直接击中办公楼。所谓的室内电弧现象应该是建筑物附近靠近值班室窗户侧发生了闪电现象，形成的强光使得当事人感觉头部上方产生了因电弧形成的亮光。也正是这次闪电形成的雷击电磁脉冲导致设备损坏、网络故障。根据闪电定位监测数据统计分析：此次闪电（负闪）发生在 2018 年 7 月 14 日 17 时 30 分 02 秒，雷电流强度为 31.3 kA，陡度为 9.1 kA/μs，雷击位置基本位于 85.4380°E，45.9220°N，该监测数据为三站混合定位数据。

（2）事故原因

电话班两部电话机损坏是因为室外架空电缆未做屏蔽防护，入户端没有安装信号电涌保护器。闪电时，因雷击电磁脉冲产生的瞬态过电压将电话机电路击穿而损坏；又因这两部电话机室内线路和显示器信号线捆扎在一起，显示器信号电压一般是 3.3 V 和 5 V，瞬态过电流在信号线上产生感应过电压远大于正常工作电压，很容易将显卡和计算机主板电路击穿。事后通过与设备维修人员的沟通，确认了故障原因。

关于网络故障原因分析，通过事后与新疆油田公司数据公司传输业务部主管技术人员沟通交流，确认事发当日办公网故障是因为网络设备死机造成的。受到雷击电磁脉冲干扰，光端机、网络交换机死机造成网络中断。当时消防五队工作人员虽多次开关机重启也没有及时恢复，然而事发数小时后，办公网络自行恢复正常工作。

4.8.4 闪电定位系统监测分析

根据闪电定位系统(ADTD)监测资料显示(图 4.37),2018 年 7 月 14 日 16—19 时,百口泉镇区域发生闪电 5 次,其中在 17 时 30 分 02 秒发生的闪电距离事发点最近,发生时间与事故发生时间相近。

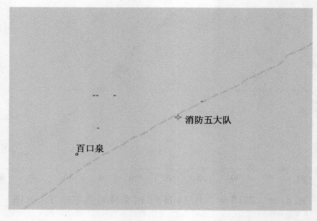

消防五大队

百口泉

图 4.37　7 月 14 日 16—19 时克拉玛依市的闪电分布

第 5 章　现代雷电防御措施

5.1　易燃易爆场所雷电防御措施

5.1.1　常见易燃易爆场所

（1）存放危险物品的仓库

危险物品指的是如烟花爆竹、炸药、雷管，以及易燃易爆的化工品之类。这类建筑物不应选址在雷电容易落雷的地点，此类建筑物须采取接闪针、接闪线或者接闪网进行直击雷防护，不得将其安装在建筑结构上。

（2）加油（气）站

加油站、气站是经营易燃易爆场所，必须重视消防、防静电及防雷等设施的建设。从防雷角度考虑，防护主要包括加油棚、钢油罐和加油机三部分。它们的接地装置可与防静电接地、电气工作接地、保护接地以及电子系统的基准接地等共用，但必须围绕站形成闭合环形。

（3）露天油罐

露天油罐主要保护对象是它里面储存的物质——石油或者其他各种制成品，所以防雷应根据储存油器的性质、油罐的材质和结构、油罐的容积、地区的雷电活动情况、雷击事故的可能后果等因素综合考虑。

5.1.2　雷电防护措施

5.1.2.1　危险品仓库防雷接地

危险品仓库担负着物资储备和供应任务，储备物资多为爆炸易燃危险品，所处环境特殊，地面库所处位置多为空旷狭长相对平整的半山区，是雷击的多发地带，而且，库区一般占地面积较大，而单栋库房建筑面积较小，难以进行雷电的多级保护，这些地方就成了雷击多发地带，是库区安全建设的难点。

危险品仓库静电放电引发爆炸、人体电击的事故也时有发生。这是因为：一方面，仓库中贮存的许多危险品及其包装材料的电阻率都在 $10^{11} \sim 10^{15}\ \Omega \cdot cm$ 范围内，具备了静电产生的内部条件；另一方面，在危险品作业中离不开搬运、堆码、覆盖等操作，因而货物之间、货物与人体之间、货物与搬运工具之间、搬运工具与地坪之间等不可避免地产生摩擦、滚动、撞击等，这些过程都会在危险货物表面、人体等引起很高的静电积累,即静电产生的外部条件也充分存在。如果防护不当,就可能产生火花放电和刷形放电,从而成为引发爆炸的点火源,易发生电击事故,甚至发生操作人员被静电放电击倒的现象。显然,危险品仓库的静电放电防护措施必不可少。

按库房存储装备物资的特性、对雷电的敏感程度和发生雷电事故的可能性及后果,将危险品仓库防雷类别划分为三个等级:Ⅰ、Ⅱ级危险场所(危险场所定义详见 GJB 2268A—2002 第 5 章的规定)为一类,Ⅲ类危险场所和雷达、指挥仪、系统等含有电子设备的场所为二类,除一、二类防雷场所以外的其他场所为三类。结合国家规范《建筑物防雷设计规范》(GB 50057—2010)3.0.2 及 3.0.3 条定义,危险品仓库主要为一、二类防雷等级,具体设计时根据单体建筑存储特性划分。

地面一类防雷场所防直击雷可采取下列措施。

(1)装设独立接闪杆或架空接闪线或网。架空接闪网的网格尺寸不应大于 5 m×5 m 或 6 m×4 m 使被保护场所及其所属物体,均处在接闪器的保护范围内。

(2)独立接闪杆的杆塔、架空接闪线的端部和架空接闪网的每根支柱处应至少设一根引下线。对用金属制成或有焊接、绑扎连接钢筋网的杆塔、支柱,宜利用金属杆塔或钢筋网作为引下线。

(3)独立接闪杆和架空接闪线或网及支柱及其接地装置与被保护建筑物(含屋面和各种金属屋面的风帽、放散管等)及与其有联系的管道、电缆等金属物之间的间隔距离应符合 GB 50057—2010 第 4.2.1 条 5、6、7 款的规定。

(4)独立接闪杆、架空接闪线或架空接闪网应设独立的接地装置,每一引下线的冲击接地电阻不宜大于 10 Ω。在土壤电阻率高的地区,可适当增大冲击接地电阻,但在 3000 Ω·m 以下的地区,冲击接地电阻不应大于 30 Ω。

(5)当树木距离地面防雷场所且不在接闪器保护范围之内时,树木及场所之间的净距不小于 5 m。

(6)当难以装设独立的外部防雷装置时,可将接闪杆或网格不大于 5 m×5 m 或 6 m×4m 的接闪网或由其混合组成的接闪器直接装在建筑物上,并保证被保护场所均处于接闪器的保护范围以内,其设置应符合下列规定:

①接闪器之间应互相连接;

②引下线不应少于两根,并应沿建筑物四周和内庭院四周均匀或对称布置,其间距沿周长计算不宜大于 12 m;

③建筑物应装设等电位联结环,环间垂直距离不应大于 12 m,所有引下线、建筑物的金属结构和金属设备均应连到环上。等电位联结环可利用电气设备的等电位联结干线环路;

④应采用共用接地系统。

地面二类防雷场所,宜采用装设在建筑物上的接闪网、接闪带或接闪杆,也可采用由接闪网、接闪带或接闪杆混合组成的接闪器防直击雷。

地下、半地下防雷场所口部的外露金属物,应与接地装置可靠连接,从而防直击雷。

5.1.2.2 加油站建(构)筑物

(1)直击雷

应在加油站建(构)筑物上布设接闪网、接闪杆、接闪带或混合组成的接闪器。应沿着建筑物屋脊、屋檐和屋角等容易遭受雷击的部位敷设接闪带,确保建筑物屋面的接闪网格规格不大于 10 m×10 m 或 12×8 m。因加油站内的罩棚材料是钢结构,棚顶是金属屋面,可以直接将其作为接闪器使用,不需要另外安装接闪杆或接闪带。若加油站建筑物是尖顶型结构,可以在顶尖处直接安装高度为 1 m 的接闪杆。

(2)防雷引下线

若加油站内的建筑物选用的钢筋混凝土结构,可以直接选用桩内两条对角主筋作为引下线。引下线的间距应不超过 18 m,至少有 2 根引下线,可以沿着加油站四周进行均匀布置,并在适当位置处设置连接板,方便将加油站办公室和附属建筑物内的所有电器设备、金属导体等进行等电位连接。

(3)防雷接地装置

加油站内的防雷接地应优先选用自然接地,保证接地装置间的距离不高于 5 m。在对防雷接地装置进行设计施工时应保证防雷接地、防静电接地、保护接地、等电位连接、电气设备工作接地等选择共用接地,并保证电位均等,避免防雷接地设备间和各个系统间出现电位差。在加油站建筑物基础施工中,应连接两基础内钢筋,每间隔 18 m 进行一次接地连接,若自然接地的接地电阻值同规定要求不相符,应增设人工接地体。结合地形要求,避免接地装置遭到腐蚀。可以将人工接地体设置距离散水坡 1m 开外的位置,在确保散水坡不遭到破坏的前提下,增加地网包围的面积。应在建筑外设计环形接地网,以起到均压的作用,从建筑物的各个方位引入地线进行等电位连接使用,以增强加油站建筑物的防雷效果。

5.1.2.3　油罐区的防雷

油罐区内的防雷主要包括有:一是液化石油灌或设备上的放散管,应在放散管及其附近安装避雷针,保证避雷尖比管口高出 3 m,管口上方 1 m 内属于避雷针保护范围;二是为了防止感应雷击,室内金属设备、金属管道、金属构架等应同接地装置连接。对于进入到室内的架空金属管道,需在入户前连接接地装置,出现在建筑物的第一个支架也应进行接地,且接地电阻值不高于 10 Ω;若储油罐壁的厚度超过 5 mm,不需安装接闪器,可以将储油罐作为引下线并连接接地装置,接地点应在两处以上。对于一类防雷构筑物的油罐,应单独安装避雷针,根据滚球法计算保护范围,此时的接地电阻值不能超过 10 Ω;对于二类防雷构筑物的油罐,也就是罐顶钢板厚度在 4 mm 以上,可以将避雷针直接安装在罐顶上方,应选用独立避雷针,确保避雷针距离呼吸阀在 3 m 以上,保护范围应高出呼吸阀 2 m 以上,接地电阻值不能超过 10 Ω,罐体的接地点至少有 2 处,且之间的距离应在 18 m 以内;对于三类构筑物的油罐,也即是油罐壁厚度不足 4 mm,不用安装避雷针,做好接地即可,接地电阻值应在 10 Ω 以内。对于规格超过 5000 m³ 的油罐,应确保避雷针与呼吸阀、针尖与呼吸阀高度之间的间距在 5 m 以内,同时进行环形防雷接地。若油罐属于埋地式的,应保证入土深度在 0.5 m 以上,可以不用安装防雷装置,若呼吸阀高出地面以上,需要在呼吸阀处进行局部防雷,同时还要将呼吸阀和接地网连接起来。

5.1.2.4　电源系统防雷

(1)外来导体布置

加油站内的通信电缆线、电力电缆铠装外皮、金属水管、电缆金属管等都属于外来导体;应将水管和电缆埋地引入机房,埋地深度应在 0.5 m 左右,在距离建筑物 100 m 以外将电力线缆埋地引入。在进入机房前应做好水管、保护金属管和电缆铠装外皮的接地，通过浪涌保护器对电缆相线和中线进行接地。应确保突出屋面的金属物件在避雷针保护范围内，否则需要将其与避雷带进行电气连接。

（2）选择和安装浪涌保护器

若选用单级防雷，会因巨大的雷电流而导致泄放后的残压过大或保护能力不足损坏设备，为了避免直击雷和操作浪涌各级过电压的侵袭，应对电源系统进行多级防护。对加油站的电源进线应选用铠装电缆，埋地深度应在 0.5 m 左右，最小埋地长度在 15 m 以上，选择规格为 60 kA 的浪涌保护器（SPD），将其安装在电源线进入建筑物的进口处作为一级 SPD，并做好接地操作。在电源支线、加油总机、空调机房、营业厅配电箱等用电设备前端并联安装规格为 40 kA 的浪涌保护器，作为二级 SPD，并做好接地。在电脑主机、加油机、空调主机安装规格为 20 kA 的浪涌保护器，作为三级 SPD。若加油站存在信号传输系统，应将信号避雷器串联接入到电路中。

5.1.2.5　信号系统防雷

雷击出现的过程中，会在瞬间产生巨大的电磁场，通信金属连线上会感应到雷击，进而对网络信号和通信系统的正常运行产生影响，严重的情况下会使系统损坏。随着科学技术的快速发展，电子设备仪器、通信系统仪器的精确度水平越来越高，对电磁环境也提出了更高的要求，即使电磁波动较小也会对其工作产生影响，再加上人们对雷电存在侥幸和麻痹心理，很容易忽略网络信号通信系统的防雷，往往是在遭受巨大的损失后才会想起防范。在信号防雷设计时，应将电涌保护器分别安装在网络通信线 MODEM 前端和电话通信系统进线端，确保各设备网卡和电话通信线路的安全。将保护器同信号系统进行串联，选用的保护器应确保信号不会失真且能正常运行。保护器的性能参数应与信号系统匹配，能够长期稳定工作，不会对信号系统产生不利影响。

5.2　城市雷电灾害防御措施

随着经济的飞速发展和现代化水平的提升，城市的高楼大厦也逐渐增加，还有各种现代化通信设备、计算机网络、办公系统的应用，使雷电对社会经济影响带来的危害越来越大，人员聚集场所和各种设施已经成为雷电袭击的主要目标，要防患于未然，建造一个对人类发展安全的城市。

5.2.1　重点防护场所

与一般建筑物相比，雷电对高层建筑物放电的概率会更高些，而高层建筑遭受雷击，会产生很大的损失，建筑物损坏、室内设备损坏、危及生命安全，因此，要对城市防雷引起重视，增强人民的防雷意识，完善防雷装置，确保建筑物、电子设备及生命财产安全。

（1）城市超高建筑

城市中高楼大厦越来越多，这给城市防雷工作提出了更高的要求。雷击事件发生后，雷电流会对雷击点地表的建筑物产生很大的破坏,造成周围人员伤亡、建筑物受损、配电线路和电子设备被破坏甚至引起燃烧等重大事故。

(2)城市轨道交通

随着现代化科学技术不断地提高,很多自动化控制系统已经应用到轨道交通系统中,对轨道交通运营、运行速度的提高提供技术保障。轨道交通应用电力驱动、牵引的方法提供车辆动力,多因素综合起来使线路、车辆和车站增加了遭受雷灾的概率。

(3)加油站

随着加油站自动化设备的增加,计算机计量、油罐液位计量、自动火灾报警等应用变得越来越普遍,也使近些年加油站的雷电事故增加。因此,加油站的直击雷与雷电感应的保护就显得非常重要了。许多城市加油站的防雷设计上不尽完善,加油站站内供电防雷安全多为供电部门安装的,都存在着一定的安全隐患。

(4)太阳能热水器

目前,我国正在提倡节约能源,数量庞大的太阳能热水器普遍使用,雷击太阳能热水器导致的人员伤亡及设备损坏的雷灾事故经常发生。太阳能热水器是必须安装在楼顶,对防雷设施的技术性要求很高,很多太阳能热水器内设有电加热电源线和传感或信号直接通到室内,事实上,该热水器便已经成了接闪器,以致出现引雷入室的危险。

(5)学校

许多学校的建筑物在防雷装置上存在着各种各样的问题,例如,学校没有对防雷装置进行检测或维修工作,许多建筑物上的接闪杆腐蚀严重,接闪带出现断裂,造成学校的防雷装置起不到防雷的效果。而且防雷装置没有进行正规的布设,很容易形成雷电波浸入和雷电感应,学校的各种设备如计算机教室、电子阅览室和监控系统等都是雷电感应毁坏的对象。

5.2.2　防雷保护措施

高楼林立的大厦象征着城市文明高速度发展的成果,另一方面,却也为雷电灾害埋下了隐患。众所周知,在雷电来临时,较高的建筑物相对容易遭受雷击,尽管建筑物顶上安装了接闪杆、接闪带等避雷设备,但仍有可能造成雷击事故(因为防雷工作做得再好,也不可能达到百分之百安全)。一个完整的防雷系统,应该由直击雷防护措施与雷电感应防护措施结合起来,只有通过对其综合防雷保护措施,才能把雷电灾害缩减到最轻程度。

(1)建立防雷安全监督管理体系

对新建筑物、老建筑物和弱电设备的雷电保护检查管理是防雷安全监督管理体系重要的组成部分。检测部门应该对防雷装置的施工进行分阶段的检测验收,主管部门也需要加强资质管理,坚决做到没有无资质或者超资质的施工、检测。对已经安装的防雷设施要经过气象主管部门严格检验合格,才可以投入使用。已经安装过防雷设施的建筑物要定期进行安全检测,确保防雷设施达到防雷效果。而对于防雷设施不合格的单位,相关部门应该责令、督促其整改,避免产生雷灾危险的安全隐患。

(2)建立雷电定位监测系统

使用雷电定位系统后,云对地面雷击的时间、地点、电流极性和回击次数等数据通过雷电定位就可以通过系统终端来进行查询,但该系统主要是针对电力行业的需求而布设。为实现更好地对雷电预警的定位,气象部门已经用闪电定位仪进行对雷电监测定位。

(3)完善雷电预警制度

尽管雷电监测、定位系统得到了广泛的应用,雷电的产生是雷暴云中电荷积累形成的,当雷暴云里电荷累积到能够击穿大气电场的强度,闪电就会形成,雷电监测和定位系统才可以进行监测,因此,设立雷电灾害预警系统是非常必要的。对雷电进行短时预报,需要研究雷暴云在发生第一次闪电前的强电荷运动中心的发生、发展演化特征。雷暴云的活动是闪电产生的前奏,如果能够掌握住第一次闪电发生前的雷暴云电荷的变化情况,就可以提前预知闪电的形成,减少雷灾的产生。

(4)城市防雷的规划

城市防雷应在雷击风险评估基础上进行分区规划。在完善防雷机制的同时,需要考虑到城市的广场、公园和校区等公共场所的防雷。近几年,出现了多次公共场所雷击事故,因此,城市防雷更加迫切的提上了议事日程,成为人们关心的话题。

5.3　农村雷电灾害易发原因及防御措施

从全国雷电灾害统计数据显示,每年雷灾伤亡人数中,农村人口占比高;雷电灾害在农村造成的人员伤亡比例高于城市。而我国的雷电灾害有一个十分显著的特点,就是在城市造成的多是财产损失,而在农村被毁掉的往往是人的生命。

5.3.1　原因分析

(1)户外活动时应对措施不当

近年来,农民在户外劳作时受到雷击导致伤亡的事件屡见不鲜。夏季是雷雨天气多发季节,田间劳作或放牧时大多置身于空旷野外,无遮蔽物,人容易遭遇雷电。此外,农民干农活时用的锄头等金属用具也增加了被雷电击中的概率。在野外,制高点往往容易遭到雷击。由于村民缺少雷电防御知识,在雷雨天气来临时,没有采取避雷措施,因而造成了伤亡事件。

(2)缺少技术支持

受到经济、人员和经济效益等多方因素的制约,各级气象主管机构都将防雷工作重点放在了城市建筑物防雷安全上,却忽视了农村地区的防雷,直接导致农村防雷检测和相关技术服务欠缺。即使建筑物安装有防雷设施,因布设缺乏科学有效性,再加上缺少必要的防感应雷措施,使得居民住宅楼顶乱搭乱建现象严重,破坏了防雷装置有效性的发挥。由于农民居住分散,在开展防雷检测时有一定难度,很难第一时间发现并排除雷击隐患,使得农民家用电器频繁遭受雷击。部分农村还存在着房屋选址不科学,防雷装置和线路敷设不规范等方面的问题。

(3)农村防雷意识薄弱

受到历史条件等因素的影响,我国农村地区教育水平很低,很多农民科学文化素质不高,甚至还有很多上了年纪的农民还处于文盲或者半文盲状态。较低的科学文化水平,使得这些农民面对雷电灾害多是束手无策的。更有甚者,受到封建迷信的影响,还有很多农民将雷电灾害看作是天人感应,以为雷电灾害是"天上的雷公惩罚恶人"。这种状态使得很多农民认为雷电灾害无法对抗和避免,因而就不会采取一定的措施来防雷减灾。由于对防雷工作采取消极态度,且防雷意识薄弱,很多农民在房屋建设时,也不会安装避雷设施,在生活劳作过程中,也不会有在雷电天气下自我保护意识。很多农民在房屋建设时,更多的考虑是"风水"问题,有些农民为了"风水"好,反而会把房屋建设在雷击概率大的地方。而在劳作时,当遇到雷雨天气,很多农民多是在大树底下避雨,这反而更容易遭到雷击。

5.3.2　农村雷电安全防护措施

(1)防御管理体系的建设

①构建完善的灾害预警系统

天气的预警工作需要由当地的气象局对于监测工作加以重视,通过引入先进创新科技,雷达监测天气动向,并通过新型科技技术媒体的途径将信息传输到村民的电视上,能够做一些灾害的预防措施,可以有效地减少雷电灾害对于人民生活的影响。

②政府参与雷电灾害防御工作

关于自然灾害的防御工作也需要政府的大力支持,制定相关的政策,并加大资金的投入。政府对一件事情的重视,也可以带动大众对参与雷电防御工作的生动性和自觉性,大家团结一致,共同做好雷电防御的公共管理,才能减少雷电灾害的影响。

③将防雷减灾管理系统和农村建设规划相结合。在农村的建设规划中,需要同样重视雷电等自然灾害的防御工作,在最开始建设改造村庄的时候就要埋好相应的线路,搭建好合理的电力天线,尽可能减少受雷电灾害的影响。而且要对已有的防雷设施进行严格的校查检测,防患于未然,从源头杜绝雷电灾害的隐患,减少雷电天气对村庄人身财产安全造成的威胁。

(2)加强防雷科普知识宣传

为了改善农民防雷意识薄弱的现状,加强农村防雷科普知识宣传至关重要。对于农村地区而言,应该通过科学知识的宣传和科普教育,提高农民对雷电的正确认识,从而促进他们能够主动做好防雷减灾工作。加强农村地区的防雷科普知识宣传,就需要政府发挥关键作用。政府应该组织协调,促进涉农部门之间的合作和参与,为农民提供更多的防雷减灾帮助。尤其是在夏季雷电多发的时候,政府应该以短信、广播、报刊或者电话等方式,加强宣传。有条件的地区,可以通过专题讲座和报告会的形式,加强防雷减灾的宣传。同时,政府也应该认识到,防雷减灾科普知识宣传要作为一个长期项目,需要通过坚持,才能真正起到提高农民防雷意识的效果。

①学校开设防雷安全知识普及课程

为解决农民防雷安全知识缺失、获取气象信息渠道不畅的问题,可通过提升教育部门支持,在农村中小学开设防雷安全知识普及课程。通过学生将防雷知识告知给家人及亲友,从而提高周边人员的防雷安全意识。

②充分发挥新媒体及互联网作用

积极发挥新媒体、互联网的信息共享作用,通过手机短信、微信公众号、数字报纸、广播电视、网络平台等多渠道将内容丰富、新颖的防雷科普知识传授给群众。

③加大农村建筑物防雷安全管理

对于农村公共建筑工程来说,应严格按照规定图纸进行建设,始终坚持有证设计和有证施工。对于审查不合格的施工图纸,不得开展施工。对于自建房,要积极鼓动懂得电气专业的技术人员深入到农村地区,为农民建筑物防雷提供技术方面的服务。针对新建、改建和扩建的建设项目,应加大防雷装置的设计审核、质量监督、竣工检测验收等方面的力度,不断提升建筑物防雷效果。对农村防雷设施建设进行规范,加大见效快、投资小、性能好的防雷装置和技术方法的推广普及。

④发挥气象部门建立的大喇叭作用

可以在各个村部都安装大喇叭,充分利用和发挥大喇叭的作用。利用大喇叭及时发布雷电预警信息,让农民做好防范措施。在雷雨季节来临前和雷雨季节时播放宣传雷电知识,尤其是雷雨季节更要加大宣传密度,让播报雷电知识成为村民日常生活中的一部分。大喇叭的传播方式比较适合年龄较大的村民,因为年长的老人文化水平较低,收听广播这种形式接受信息的方式容易被接纳。同时,农民获取雷电防御知识的途径较为有限,此方式易接受。

5.3.3　农村防雷须知

(1)室内防雷须知

①一定要关闭好门窗。

②尽量远离金属门窗、金属幕墙、有电源插座的地方,不要站在阳台上。

③在室内不要靠近、更不要触摸任何金属管线,包括水管、暖气管、煤气管等等。

④房屋如无防雷装置,在室内最好不要使用任何家用电器,包括电视机、有线电话、收音机、洗衣机等,最好拔掉所有的电源插头。

⑤雷雨天气最好不要洗澡,尤其不能用太阳能热水器洗澡。

(2)室外防雷须知

①到野外劳作前,要注意收听、收看天气预报,看云识天,判断是否会出现雷电天气。

②雷电天气发生时,应迅速躲入有防雷装置保护的建(构)筑物内,或者较深的山洞里面。

③应远离树木、电线杆、烟囱等高耸、孤立的物体以及输配电线、架空电话线等。

④头顶电闪雷鸣时(俗称"炸雷"),如果找不到合适的避雷场所,应找一块地势低的地方,尽量降低重心和减少人体与地面的接触面积,可蹲下,双脚并拢,手放膝上,身向前屈,临时躲避,千万不要躺在地上,如能披上雨衣,防雷效果就更好。

⑤雷电天气发生时,大家不要集中在一起,也不要牵着手靠在一起。

⑥在空旷场地不要使用有金属尖端的雨伞,不要把铁锹、锄头、钓鱼竿等工具扛在肩上。

⑦如果在游泳或在小船上,应马上上岸,即便是在大的船上,也应躲到船舱里。切勿进行水上活动,如捕鱼、稻田作业等,尽快离开水面以及其他空旷场地,寻找有防雷装置的地方躲避。

⑧不宜开摩托车、骑自行车赶路,打雷时切忌狂奔。

(3)财产防雷须知

①装于屋顶或屋顶附近的电视室外接收天线和太阳能热水器,应加装防雷装置,以免其引雷击损房屋。

②家用电器的安装位置应尽量离外墙或柱子远些。遇雷雨天气时,不要使用电视机、洗衣机、微波炉、电扇等电器设备,并拔下电源插头。

③特别要注意拔下电视机的电源插头和天线插头。

④打雷时不要打电话,并拔下电话插头,待雷电停止半小时后再接好电话。

⑤最好在自家入户主线上加装空气开关,当长期外出或预报有雷雨天气时,关掉电源开关,以防家里没有人时家用电器遭受雷击。

⑥雷电天气发生前,牲畜要停止作业,尤其是水上作业,尽快赶回圈棚。牲畜圈棚不要建在大树、电线杆、烟囱等高耸物体周围。不要将牲畜拴在大树和电线杆上。

5.4　农牧区雷电灾害多发的原因分析及雷电防护措施

农牧地区地广人稀,地形复杂多样,防雷基础设施薄弱,牧民在农牧区生产生活的过程中,很容易受到雷电等自然灾害的影响,再加上农牧区经济发展较为落后,牧民受教育水平不高,在雷电灾害多发区生存防护能力较弱,给牧民带来的人身伤害和经济损失较大。因此,农牧地区气象部门更应重视对防雷减灾工作的强化,分析农牧区雷电灾害多发的原因,并依据农牧区雷电灾害实际情况,普及科学的防灾减灾措施,以提高雷电灾害防御能力,切实保障牧民的生命安全。

农牧区防雷电灾害工作是区域气象部门比较薄弱的环节,也是需要着重重视和急切解决的问题。雷电灾害造成人畜伤亡的现象给当地牧民正常生产活动带来非常巨大影响,更不利于农牧区经济的推进发展。因此,地方气象管理部门必须要明确做好农牧区防雷工作,并积极地对农牧区雷电灾害频繁发生的原因进行深入分析。在此基础上,提出加强农牧区防雷减灾的具体措施,进而提升防雷工作整体工作质量。

5.4.1　农牧区雷电灾害频发的原因分析

由于牧区牧民大多数文化水平较低,缺乏对雷电灾害的正确和科学认识,也不了解诸多防雷知识,防雷意识淡薄,并不能进行防御和躲避。因此,在遭遇到多发雷电自然灾害时,牧民们往往都是不知道如何处理,多以"听天由命"思想对待,严重缺乏雷电防御科学有效的防范措施。

在农牧区域内,牧民所居住的住房多是自建房,在房屋设计建设中,由于牧民防雷意识薄弱,经费的不足,并没有过多的重视防雷设施的设计和应用,只是采用简单的避雷装置替代,不符合避雷装备安装规范及相关标准要求,防雷效果不佳,安全隐患过大。此外,农牧区域地域空旷,尤其是农村区域地广人稀,一旦遭遇雷击灾害,牧民室内很容易发生导电现象,发生触电危害。此外,牧民防雷意识薄弱,安全意识差,部分牧民在屋顶上安装太阳能热水器、电视接收天线等装置后,没有做好防雷措施,在雷雨天气下,极易发生引雷入室的危险现象,给雷电的安全防护埋下了隐患。

由于农牧区域地广人稀,牧民居住也较为分散,部分区域内存在通信、电信等基础设施安装不到位现象,由此一来,气象部门在发布区域雷电灾害预报预警信息过程中,可能造成部分牧民无法及时接收到预报信息,做好雷电防御准备,加大雷击风险,造成经济损失。

农牧区气象管理部门防雷减灾的技术服务能力的强弱,直接关系到农牧区域防雷减灾的实施效果。然而,当前阶段,在农牧区防雷减灾工作开展中,由于缺乏健全完善的防雷安全管理法规和有效的制约机制,造成区域气象部门在开展防雷减灾工作出现心有余而力不足现象,资金投入、专业技术人员的匮乏、防雷技术的欠缺,造成牧区防雷减灾工作效果不佳。

5.4.2　农牧区雷电防护措施

农牧区域气象管理部门应该积极与农牧区政府部门建立合作关系,在政府部门的大力支持下,积极并有效地针对广大牧民开展防雷减灾知识宣传教育工作。通过采取知识讲座、发放宣传册子、微信公众号、APP 等多样化宣传渠道,不断吸引农牧民参与到防雷知识学习中来,保障牧民可以对雷电防灾工作有一个正确的认识,有效提高牧民的防雷减灾意识,确保雷电灾害出现时农牧民可以有自救的能力。鼓励牧民要积极配合气象部门和政府部门,在自建房上安装技术、标准合格的避雷装备,高效完成防雷减灾工作,提高农牧区防雷减灾水平。

政府部门需要高度重视农牧区防雷减灾工作的有效开展,加大对农牧区防雷基础设施建设的投资力度,不断完善基础防雷设备,为农牧区防雷工作的有效开展提供设施技术支持。首先,政府部门需要积极联合通信、电力、建筑等多部门,在各部门的合作配合下,完成对农牧区防雷设施建设工作的有效开展,做好农牧区电力线路、通信线路防雷问题和其他安全隐患的排查,积极采取有效的防雷措施手段,保证农牧区硬件防雷设施的完善,消除农牧民住宅雷击隐患。针对雷电灾害频发的区域,依据雷电灾害具体实际,加大防雷设施的建设数量,并加强对基础设施建设的排查检测力度,派遣专业技术人员对安装的避雷装置可靠性进行排查,确保区域内房屋建筑均严格依照国家防雷标准要求,具备良好的避雷效果,做到防雷装置实用性。

气象部门在发布区域雷电灾害预报预警信息时,为有效避免牧民接收信息不及时、防范措施不到位现象的发生,可以采取多样化预报预警手段措施,在雷电恶劣天气预报预警中,综合使用多渠道、多途径的推广方法,让每一位牧民都能及时了解,并依照气象部门给予普及的防雷措施手段,积极做好防雷减灾工作的有效开展。如:电视广播、手机短信提醒、微信公众号推广、上级部门给区域村委下达文件命令,对于信息不发达的区域牧民进行口头传达等方式,提升农牧区居民的防雷自然灾害的应对能力和预防能力。

为了保障防雷减灾工作能够更加高效稳定地开展,农牧区域气象相关管理部门需要加强与其他部门之间的沟通协作,发挥其各自的作用,履行各自的职责和义务,严格按照法律法规提出的要求充分履行责任,高效落实防雷减灾工作。政府部门应将带头指挥作用,制定完善有效的防雷减灾责任体系,实现信息共享,协调各个部门的工作职责,加强农牧区防雷安全检查以及防雷设施建设监督工作,并科学指导人民群众采取有效的防雷措施。此外,还需要气象管理部门在农牧区防雷减灾过程中要建立更加科学完善的工作体系,从防雷装置的设计审核,分段检测、竣工验收等多个环节出发,加强质量监管,并坚持因地制宜的原则,需要结合地区的雷电特性采取有针对性的防御措施,制定适合本地区的防雷减灾的意见和规划指导,使得农牧区防雷减灾工作开展更加规范、科学。

综上所述,做好农牧区防雷减灾工作是区域气象部门重点关注和解决的问题,同时也是一项长期艰巨的系统工程,这就需要区域气象部门在进行开展农牧区防雷减灾工作中,充分运用现代科学技术作为技术支持,并组织社会各界各方力量,拓宽防雷减灾工作开展渠道,社会各方合作积极配合气象部门开展多样化防雷减灾措施,促使防雷减灾工作能够落实到位,提升农牧民防雷减灾意识,有效降低因雷电灾害造成的人畜伤害及财产损失。

5.5　雷电防护装置智能在线监测

5.5.1　必要性

全国危化品爆炸事件频发,对人民财产安全危害大。危化场所雷电防护设施的监管水平存在缺位的情况。传统的防雷检测,一般每次检测的间隔时间大约 180 天左右,而运行的防护设备或系统极有可能在任意时间内坏掉,如不能及时发现故障点,整个防护系统将失去作用,引发安全隐患。没有整合成为一套雷电防护装置的实时监测预警系统,实现雷电防护装置实时监测,导致诸多雷电防护装置处于异常状态时不能被及时发现,给用户带来极大的安全隐患。如何提高防雷减灾工作的科学化、专业化和规范化水平,及时消除雷击危害的隐患,降低雷电灾害风险的要求被逐渐提上日程。

近几年,基于物联网智能感知技术、现代网络与通信技术以及基于 GIS(地理信息系统)软件应用技术等得到快速发展。随着技术的革新,原有的一年两次传统人工防雷检测,逐渐升级为通过智能感知系统实现实时在线监测,解决了接地电阻不能实时、远程监测等问题。如果通过远程防雷防静电智能监测的形式,利用防雷技术与传感器进行相互结合,远程监测实时掌握雷电防护装置的运行状态,及时有效对故障进行处理、反馈,从而设计一套雷电防护装置智能在线监测的系统,是目前能够采取的一项重要措施。

5.5.2　雷电防护装置智能在线监测系统概述

5.5.2.1　雷电防护装置智能在线监测系统功能特点

雷电防护装置智能在线监测系统工作基于地理信息系统的 GIS 平台,同时整个系统的主要工作特点是浏览与查询。GIS 除了可视化展现外,同时也具备查询能力,同时也可以查询各类雷电防护装置等相关的监测信息。

设备通过智能网关实现现场管理,并实时上传数据,该智能网关支持各类传感器在后续整体安全管理需要的前提下实现扩展安装,能够智能的兼容主流协议,有屏幕显示,支持一键配置,智能网关需求图(图 5.1)。

雷电防护状态监测模块主要完成接地电阻阻值数据采集和接地状态监测,并能够实现数据采集及现场的监测。报警管理平台及移动互联模块主要完成易燃易爆场所统一联网监控的浏览、平台系统的管理、预警报警、手机短信发送和远程管理等。考虑到设备有可能会在防爆环境内使用,而 SPD 是防爆型或安装在防爆箱里面,因此对 SPD 的监测模块,在防爆安装的时候,设备能够自身防爆或安装在防爆箱里面,监测模块能够满足环境防爆要求的前提下,实现实时在线监测。

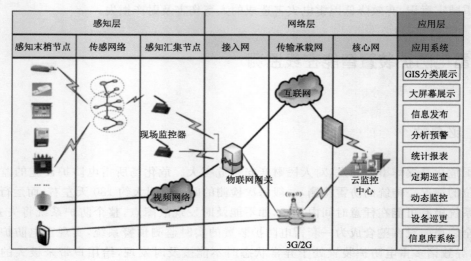

图 5.1　智能网关需求图

5.5.2.2　雷电防护装置智能在线监测系统优势

　　智能的接入各类传感器,包括并不限于如:接地状态、大气电场、气象传感器等;支持更多智能功能,可以根据后台指令自动切断或者自动联通,甚至可以实现现场语音对话、现场报警方式多选等(需要二次开发),工位报警能够独立运行,与服务器网络断开,也能正常报警和切断工位电源,通信恢复后数据立即推送到服务器。在低带宽和不稳定的网络环境中,依然实现可靠的网络服务;也能够从断开等故障中恢复。

　　报警响应速度快,可实时检测下端采集模块数据,如果出现故障数据,立即现场声光报警,甚至是切断工位电源,报警响应时间小于 1 s,定时推送数据到服务器,报警数据立即推送。非常小的通信开销,并支持各种流行编程语言,支持发布/预定模型,简化应用程序的开发,能够提供三种不同消息传递等级,让消息能按需传送,适应在不稳定工作的网络传输需求。低功耗和通知推送,能够实现低功耗的要求。配合后台软件系统,能够及时将通知上传并推送给各类需求客户端,并可以实现在没有第三方中介的情况下发送特别数据,降低了依赖特定于操作系统的解决方案(如通过 APP 端,实现在 Apple Ios、Googleplay 通知等)防火墙容错性,一些企业防火墙将出站连接限制到一些已定义的端口。这些端口通常被限制为 HTTP(80 端口)、HTTPS(443 端口)等。HTTP 显然可以在这些情况下运行。MQTT 可封装在一个连接中,显示为一个 HTTP 升级请求,从而允许在这些情况下运行。

　　设备有屏幕显示,便于报警出现时进行查阅;设备设计为导轨安装,更方便机柜内安装,也可以根据机柜设计的特点,采用嵌入式安装方式,管理数据直接在机柜前面板显示。

5.5.3　系统的应用

　　"雷电防护装置智能在线监测与管理服务平台"以分布式云计算为基础,采用当前最先进的云技术,以大数据为依托,将云计算和物联网技术结合,打造了一个多行业数据业务的接入平台,支持包括石油化工、电力、铁道、航天国防、气象、通信、新能源、环保等多行业数据接入。

现场采集终端支持包括 RS485 总线、CAN 总线、Zigbee、蓝牙等多种通信手段的一对多管理和数据采集,现场采集数据由 RTU 汇总通过以太网传输至云服务平台,系统传输层提供了宽带、GPRS、3G/4G、卫星等多通道以太网接入方案。云服务平台提供了数据实时在线监测、存储、管理、远程访问、分析、预警等众多功能,同时也提供了网络隔离、数据自动备份、容灾备份、云端安全等多种数据和业务安全保护措施,保证了整个平台服务的高稳定性和高可靠性,下文将重点介绍云平台的各项功能。

5.5.3.1　大屏展示

大屏展示部分(图 5.2a)提供了全网最为关注的一些信息展示,包括站点数量,RTU 数量,设备数量,RTU 异常数量的显示。图 5.2a 中左侧为站点设备异常和离线的前五个站点,右侧为今日上报数据的实时显示,中间部分的拓扑图提供了每个区域下的站点数量展示。此外还采用了百度 API 进行开发地图(图 5.2b),地图菜单提供了智能检索,行业选择,全国区域定位,圈选查询等功能。底图上面渲染了所有站点的对应位置和相应状态,通过点击站点可以实现弹窗显示详细信息。

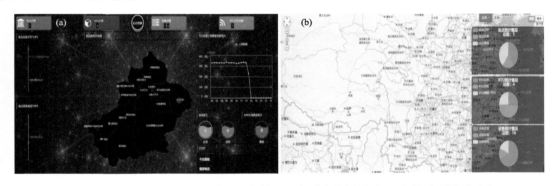

图 5.2　雷电防护装置智能在线监测与管理服务平台大屏展示(a)和首页地图页面(b)

5.5.3.2　智能防护模块

该模块包含现场配置、数据查询、数据统计、系统报警、设备维护记录查询功能。

(1)现场配置

现场配置功能区可查看站点信息(图 5.3a)、监测设备状态(图 5.3b)和站点网络状态(图略)。具备相关权限的用户可以获取所有已配置站点状态、站点网络以及站点设备相关信息,并能对站点、网络和监测设备进行管理操作。目前支持的可监测设备有 SPD 在线监测仪、接地电阻在线监测仪、雷电流在线监测仪、静电在线监测仪、温湿度在线监测仪、倾斜度在线监测仪、电气安全在线监测仪、阴极保护在线监测仪等多种设备。

(2)数据查询

数据查询功能区可针对站点,RTU 模块－ID,设备类型,设备 ID,设备安装位置,起止时间等要素进行筛选,查询和导出不同设备不同信息的实时和历史数据。根据站点,设备类型,设备 ID,实现单个设备的历史数据状态变化及相关趋势分析图形展示(图 5.4)。

图 5.3　雷电防护装置智能在线监测与管理服务平台站点状态(a)和设备状态(b)查询页面

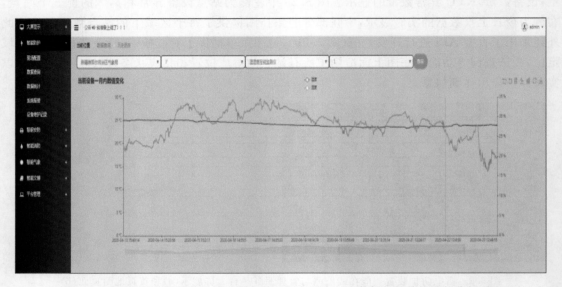

图 5.4　雷电防护装置智能在线监测与管理服务平台历史数据相关趋势进行分析页面

（3）数据统计

数据统计模块(图 5.5)统计该系统中所有站点、站点网络和设备数量实时状态，以及最近一月所有系统报警数的变化量。

（4）系统报警

系统报警模块(图 5.6)根据站点，RTU，告警类型以及起止时间，可以查询当前系统未恢复的告警，返回结果中包含对应告警的详细信息，可与设备维护记录进行关联。同时也可以查询历史告警记录，返回结果中包含了告警相关状态以及详细信息，同时统计了最近一段时间内的告警变化趋势。

5.5.3.3　平台管理

系统可通过多级菜单和树形图的方式，实现组织结构的动态操作、新增、删除，修改后的树形图会自动重新加载。同时将组织结构与权限部分进行了关联。同时角色部分一方面也与组织结构相关联，另一方面对应菜单权限，通过修改不同角色的配置，可实现对应用户的权限配

图 5.5　雷电防护装置智能在线监测与管理服务平台数据统计页面

图 5.6　雷电防护装置智能在线监测与管理服务平台系统报警页面

置,灵活性更强。在平台上也可对系统的相关操作记录进行查询,同时可查询操作类型,相关 IP,操作账号,操作时间,具体描述等信息。在系统出现异常时,关联告警模块会提出警告,实现了设备维护管理,可以多条件查询设备维护的相关信息如维修原因和维修内容等。

5.5.4　结语

通过采取远程雷电防护装置智能监测系统的措施,以大数据、移动互联等技术手段,提供统一的软件系统,实现现场数据的实时采集和存储,通过 WEB 方式实现雷电防护装置远程在线自动检测、历史记录查询、综合故障报警、运维管理、参数设置、权限管理、重要信息提前预警、数据精准推送等功能,并能精准监测浪涌保护器的失效状态和地网的接地电阻值,有效降低雷电防护装置的维护成本,传输稳定,克服了人工检测的随意性和虚假性,可实时监测并及时发现雷电防护装置的异常,弥补传统防雷的检测手段的缺失,提升防雷监管的水平。

5.6　雷电监测临近预警

5.6.1　概述

为全面提升重点资源地域的防雷安全水平,有效防御和减少雷电灾害和公共安全的危害,根据重点资源地域防雷现状和需求,本着"预防为主、安全第一、科学合理、统筹兼顾"的原则,开展雷电监测临近预警系统和雷电灾害防护体系的二大体系的建设,可有效防御和减少雷电灾害,提升重点资源地域雷电灾害防御能力和安全管理水平。

雷电灾害涉及的范围遍布各行各业,旅游景点,古建筑、电力、航空、国防、通信、广电、金融、交通、石化、医疗以及现代生活的各个领域,由于雷电造成电子设备误操作、损坏,以及严重的火灾事故、人员伤亡在全国多地均有发生,给国家造成了严重的经济损失和广泛的社会影响。

局部雷暴来得快、突发性强、危害大。现在无手段对短时雷暴在何时何地发生进行准确预报。这种局部雷暴对各个重点行业具有很大的危害,大范围雷电、雷暴云预警由多普勒雷达和卫星进行,对于局部的雷电、雷暴云预警、预报处于空白阶段。迫切需要建立一套局部雷暴云、闪电预警系统,雷电监测临近预警系统能够及时、准确地预报当地雷击活动情况,对处在工作状态的易燃易爆场所、人员高度集中场所提供预警信息,使工作人员能够有充分的时间施加防范措施,减少危害的发生。

随着雷电灾害的不断增加,越来越多的单位、集体以及各类组织开始意识到雷电保护的重要性,并且在实际应用中,采用了完善的雷电保护措施,如,避雷针,接地系统和浪涌保护系统。然而,在很多情况下,以上所述的传统被动式雷电保护即使设计的再标准,也无法做到最全面的保护,每年依然有大量的雷电灾害损失产生。甚至,在一些特殊场合,无法采用传统被动式的雷电保护(例如,大面积的户外活动场所)。

因此,出于对重点单位,部门的防护等级提升的需求,在最新的国家标准 GB/T 38121—2019《雷电防护雷暴预警系统》中提出了一个全新的概念-预防性保护:即,提前探测雷电的活动趋势,在精确的时间范围内,对特定的区域提供雷电监测临近预警信息,以便提前采取雷电灾害应急预案,从而便于用户提高防护等级,减少财产、人身安全的损失,提升管理水平。

需要注意的是,雷电预防性保护并不是用来替代传统被动式雷电保护,而是一种提升保护等级的补充措施,尤其适合景区、石油石化、电力、通信、交通等对防护等级要求较高的场所。

5.6.2　重点场所雷电监测临近预警措施

依据最新颁布的国家标准 GB/T 38121—2019《雷电防护雷暴预警系统》,在关于雷电监测临近预警的标准定义中,提出了一个场所是否需要采用雷电监测临近预警系统,应首先经过雷电风险等级评估的概念。一般包括三个步骤。

（1）危险情况识别，见表 5.1。

表 5.1　危险情况识别

危险情况识别	
序号	情况
1	人员处于没有适当雷电防护场所的户外区域（根据 IEC 62305 系列标准或其他 IEC 标准）：户外活动、运动（足球和高尔夫等）、比赛、集体事件、耕作、放牧或钓鱼、海滩、休闲区
2	敏感系统防护：计算机系统，电子或电气控制、应急、警报和安全系统
3	运营和生产过程的损失
4	存有危险品（易燃、放射性、有毒和易爆材料）的建筑
5	需保证连续、高品质或快速恢复的基础服务（通信、发电、运输和配送、医疗和应急服务）
6	基础设施：港口、机场、铁路、公路、高速公路和索道
7	在工作场所的安全（雷暴时在工作场所活动存在风险）
8	需要民用或环境保护的区域：预防森林火灾等
9	建筑、交通或外部区域向公众开放的场所
10	其他情况

（2）损失类型确定，见表 5.2。

表 5.2　损失类型确定

人员损失	
损失程度	损失类型
生命丧失	A
严重受伤	B
轻微受伤	C
未受伤	—
财产损失	
损失程度	损失类型
严重损失	A
一般损失	B
轻微损失	C
无损失	—
服务损失	
损失程度	损失类型
严重损失	A
一般损失	B
轻微损失	C
无损失	—

环境损失	
损失程度	损失类型
环境灾难	A
环境破坏	B
环境轻微破坏	C
无损失	—

（3）风险控制，见表 5.3。应确认雷电监测临近预警系统提供的信息是否有助于采取降低风险的临时预防措施。如没有，则该雷电监测临近预警系统是无用的。如有，则每一种危险情况和损失类型确定了雷电监测临近预警系统是否合适。鉴于有多种不同解决方案，最终应选择最安全的方案。

表 5.3　风险控制

风险控制	
最严重损失	部署相应雷暴预警系统的推荐程度
A	非常强烈推荐
B	强烈推荐
C	推荐
—	不推荐

5.6.3　重点场所雷电监测临近预警必要性评估

针对重点场所有可能因雷电产生的危害，可按照以下表格按步骤进行雷电风险等级分析。

关于人员损失的风险分析：从表 5.4 可以看出，针对人身安全，重点场所属于 A 级风险。

表 5.4　关于人员保护的雷电风险分类—风险评估

	人员危害	风险分类
不可接受的风险	可能造成人员生命损失	A
	可能造成人身伤害损失	B
	低风险	C
无风险	无风险	—

关于物品损失的风险分析：从表 5.5 可以看出，针对物品的保护，重点场所属于 A 级风险。

表 5.5　关于物品损失的风险分类—风险评估

	物品损失	风险分类
不可接受的风险	重要物品损失	A
	普通物品损失	B
	较小物品损失	C
无风险	无损失	—

关于工作中断的风险分析：从表 5.6 可以看出，针对工作持续性的保护，重点场所属于 B 级风险（如有索道，应提升至 A 级风险）。

表 5.6　关于工作中断的风险分类—风险评估

	工作中断损失	风险分类
不可接受的风险	重要的工作中断	A
	普通该服务中断	B
	较小的工作中断损失	C
无风险	无损失	—

关于环境保护的风险分析：从表 5.7 可以看出，针对环境保护，重点场所属于 A 级风险。

表 5.7　关于环境保护的风险分类—风险评估

	环境损失	风险分类
不可接受的风险	造成环境灾害	A
	造成环境影响	B
	对环境影响较小	C
无风险	无影响	—

根据以上步骤可以得出，重点场所在各类风险分类中有三项属于 A 级风险。

依据 GB/T 38121—2019，在确定风险等级后，便可从表 5.8 中确定是否需要采用雷电监测临近预警系统。

表 5.8　风险控制

风险等级 （依据表 5.4—表 5.7）	是否需要雷电监测临近预警系统
A 级	非常需要
B 级	强烈推荐
C 级	推荐
—	不需要

重点场所有两项属于 A 级风险场所，因此，根据最新的 GB/T 38121—2019 标准，重点场所非常需要采用雷电监测临近预警系统作为对传统雷电保护方式（避雷针、浪涌保护器、接地）的有效补充，以便有效地进行雷电风险控制。

5.6.4　雷电监测临近预警信号识别

雷电监测临近预警系统依据实际探测到的静电场强度数值大小、连续滚动平均值趋势、电场强度变化率以及近远程雷电活动所产生的电磁场信号，采用多级预警机制。为了方便表述，一般使用黄、橙、红三种颜色，由浅至深来表征预警的紧急程度。同时，对于所处区域的环境特性（经纬度、海拔、地理环境位置等），分级的标准有可能有所变化。一般较为常用的，典型的分级设置，见表 5.9。

表 5.9　预警分级设置

预警级别	描述
0	没有预警
1	黄色预警
2	橙色预警
3	红色预警

（1）雷电监测临近预警 0 级预警标准，见表 5.10。

表 5.10　雷电监测临近预警 0 级预警标准

颜色代码	绿色
范围标准	电场强度阈值低于 2 kV/m
预估时间	/
应急预案或输出信号等级	0

（2）雷电监测临近预警 1 级预警标准，见表 5.11。

表 5.11　雷电监测临近预警 1 级预警标准

颜色代码	黄色
范围标准	电场强度阈值低于 4 kV/m
预估时间	40～15 min
应急预案或输出信号等级	1

（3）雷电监测临近预警 2 级预警标准，见表 5.12。

表 5.12　雷电监测临近预警 2 级预警标准

颜色代码	橙色
范围标准	电场强度阈值低于 6 kV/m
预估时间	20～10 min
应急预案或输出信号等级	2

（4）雷电监测临近预警 3 级预警标准，见表 5.13。

表 5.13　雷电监测临近预警 3 级预警标准

颜色代码	红色
范围标准	电场强度阈值大于 6 kV/m
预估时间	5 min 内
应急预案或输出信号等级	3

5.6.5 雷电监测临近预警系统在重点场所的预警响应机制

（1）预警响应准备工作

指定监控管理人员：在监控人员排班中指定每日的雷电监测临近预警管理人员，用以监控，检查，记录雷电监测临近预警系统工作状态，以及预警机制实施状况。

设置声光报警设备：在监控室内安装三色报警灯，并配备蜂鸣报警器。

设置集群广播系统：在重点场所各重点区域内安装集群广播系统，可采用有线或无线方式，按照三个报警级别分别预录报警语音；报警语音中应包含以下内容：a)雷电监测临近预警级别；b)预计雷电活动发生时间范围；c)针对相关人员的简单指令。

设置 MAS 短信系统：在雷电监测临近预警系统服务器端安装云 MAS 短信程序，输入各级管理人员手机号码，短信内容应包含以下内容：a)雷电监测临近预警级别；b)预警雷电活动发生时间范围；c)针对相关人员的简单指令。

制定雷电监测临近预警应急管理档案：雷电监测临近预警管理人员应在每次雷电监测临近预警系统动作时进行档案记录和管理。档案的具体内容为：a)雷电监测临近预警仪分级激活时间；b)各级响应实施状态；c)自动报警装置状态记录；d)实际观测到的雷电活动记录；e)管理人员签名。

（2）C 级预警响应

①监控人员

记录报警发生的时间；

检查报警装置是否处于正确工作状态，是否正确发出警报；

通知各重点区域管理人员或工作人员注意；

检查消防设备工作状态；

填写管理档案。

②各区域工作人员

确认报警已及时发送；

推迟未进行的户外工作；

进行游客疏散工作的准备。

（3）B 级预警响应

①监控人员

记录报警发生的时间；

检查报警装置是否处于正确工作状态；

确认重点区域管理人员已完成 1 级响应，并进入到 2 级响应状态；

监控检查户外人员（游客及工作人员）是否已经开始疏散和撤离；

填写管理档案。

②各区域工作人员

确认报警装置发送正确的报警；

协助疏散户外人员（游客及工作人员），尤其注意大面积的空旷区域。

（4）A 级预警响应

①监控人员

处于戒备状态(包含消防人员);

记录报警发生的时间;

检查报警装置是否处于正确工作状态;

确认重点区域管理人员已完成 2 级响应,并进入到 3 级响应状态;

监控检查是否仍有户外人员,必要时应采取紧急通知;

切换内部电源,关闭非重要的电气设备;

检查消防设备工作状态;

填写管理档案。

②户外工作人员

确认各区域报警及时送达;

确认游客均已处于安全区域;

向管理人员汇报现场疏散状况;

停止设备作业(例如缆车,观光车等);

雷电活动结束,各部门恢复正常的工作状态,继续暂停的生产计划,重新安排推迟的活动。设备管理人员应检查设备是否恢复到正常工作状态。相关工作人员应巡视检查各区域是否有遭受雷电灾害侵袭的现象。

5.6.6　雷电监测临近预警系统的意义

通过建设雷电监测临近预警系统,能够在雷电临近前一段时间内提供有效的、实时的安全防雷决策的信息系统,能够对雷暴进行预防性侦测,并在第一次雷击前探测到雷击的发生并传输信息提示危险。

雷电监测临近预警系统运用了测量大气静电场的原理来对雷云进行侦测。在任何时候,系统都可以根据对大气静电场的变化来侦测 15 km 以外靠近的雷云。当静电场的电场强度逐渐升高的时候,这就意味着在测量区域范围很可能出现雷电。雷电监测临近预警系统能够及时地在雷电产生之前发出雷电警报,让用户及时避免雷击伤害和减少雷击造成的损失。根据实际需求,我们可以在工程中安装多个雷电监测临近预警检测点。(通过蜂窝组网的方式进行多点检测)这些雷电监测临近预警检测点的地理分布在最终安装前是可变动的,我们可以根据环境的变化来重新规划这些雷电监测临近预警检测点以获得更好的检测效果。

通过对雷电临近的监测进行信息化管理,将极大地体现防雷减灾工作的成效。通过雷电监测临近预警系统,可以达到以下目标:

(1)解决防雷减灾工作中不确定性和无直观性,将传统被动防雷变成主动防雷;

(2)对监测数据的预警有明确的提示,达到监测软件的直观性及雷电监测临近预警功能;

(3)为防雷减灾工作提供了有效的手段,充分发挥管理信息化的巨大作用,使防雷减灾工作的管理水平和管理手段提升到一个新的高度。

农牧区域气象管理部门应该积极与农牧区政府部门建立合作关系,在政府部门的大力支持下,积极并有效针对广大牧民开展防雷减灾知识宣传教育工作。通过采取知识讲座、发放宣传册子、微信公众号、APP 等多样化宣传渠道,不断吸引农牧民参与到防雷知识学习中来,保障牧民可以对雷电防灾工作有一个正确的认识,有效提高牧民的防雷减灾意识,确保雷电灾害出现时农牧民可以有自救的能力。并鼓励牧民要积极配合气象部门和政府部门,在自建房上安装技术、标准合格的避雷装备,高效完成防雷减灾工作,提高农牧区防雷减灾水平。